松辽盆地资源与环境深部钻探工程项目(12120113017600)资助

抗高温水基钻井液技术研究与应用

KANG GAOWEN SHUIJI ZUANJINGYE JISHU YANJIU YU YINGYONG

乌效鸣　胡郁乐　郑文龙　朱永宜　许　洁　编著

图书在版编目(CIP)数据

抗高温水基钻井液技术研究与应用/乌效鸣等编著.—武汉:中国地质大学出版社,2023.1
ISBN 978-7-5625-5481-3

Ⅰ.①抗… Ⅱ.①乌… Ⅲ.①水基钻井液-研究 Ⅳ.①P634.6

中国国家版本馆 CIP 数据核字(2023)第 029657 号

抗高温水基钻井液技术研究与应用 乌效鸣 **等编著**

责任编辑:王　敏　　选题策划:徐蕾蕾　　责任校对:李焕杰

出版发行:中国地质大学出版社(武汉市洪山区鲁磨路 388 号)　　邮政编码:430074
电　　话:(027)67883511　　传　　真:67883580　　E-mail:cbb @ cug. edu. cn
经　　销:全国新华书店　　http://cugp. cug. edu. cn

开本:787mm×1092mm 1/16　　字数:198 千字　　印张:7.75
版次:2023 年 1 月第 1 版　　印次:2023 年 1 月第 1 次印刷
印刷:武汉市籍缘印刷厂

ISBN 978-7-5625-5481-3　　定价:60.00 元

前　言

高温钻井液技术在松科2井钻井工程中起着保证井眼稳定、携排岩屑、冷却润滑等至关重要的作用，是保障工程得以顺利完成的关键技术。松科2井深达7018m，钻井条件和环境工况十分复杂艰难，特别是井内异常温度高达240℃以上，钻井液的高温稳定问题凸显。同时，钻遇对象包括松散/软塑泥砂岩、大厚度强水敏区块、交互着涌/漏井段、高压显示层位和坚硬龟裂岩体等多类复杂地层，其钻进工艺也不同于深井全面钻进，而是要满足长程小井眼连续取心钻进的特殊需求，大量的提、下钻辅助作业使裸眼时间也大大增加。针对一系列瓶颈难题，课题组进行钻井液技术攻关，完成了高温泥浆配方的研制和现场应用实践，安全、优质、高效地促成了松科2井的地学研究科学目标，取得了瞩目的创新成果。

创新研制的耐250℃超高温的钻井液体系成果，紧密结合地层环境和工艺条件，融合了流体力学、岩石理论、高温化学、高温材料技术等学科体系，广泛遴选了多种钻井液材料，经过室内实验测试、优化调配、对比评价和现场应用，得出的超高温钻井液体系基础配方如下：3%～5%复合型造浆黏土＋0.1%～0.2%耐超高温聚合物增黏剂＋0.6%～0.8%耐超高温聚合物降失水剂＋3%～5%耐高温降失水剂＋2%～4%耐高温防塌剂＋3%～5%高温保护剂＋2%～4%高温抑制剂＋2%～4%抗高温减阻润滑剂＋0.4%～0.6%缓蚀剂＋加重剂。

此配方的最主要特点是具有极强的高温稳定性。在温度高达250℃时，其表观黏度偏离保持在常温（30℃）时的42%以内；滤失量（老化48h）仅为22.7mL。这个技术指标在国内外水基泥浆体系中未见报道。

该钻井液体系以优异的高温流变性、降滤失性和抑制性，有效解决了松科2井超厚泥质强水敏段夹松散层的井壁失稳和深部携屑难题。同时，随钻优化调整高密度盐溶液与加重粒剂的比例，适时辅以耐高温复合堵漏材料，确保了各高压和漏失层段的压力平衡，维护了全井钻进的井眼安全。

以“三项协同减阻”创新理论指导选材配方，使这套高温泥浆获得突出的减阻润滑作用，将7000m深钻的循环压差控制在3MPa以内，大大降低了深钻普遍存在的高动压差的危害。由此也避免了黏附卡钻、泥包钻具、金刚石钻头烧钻等现象，有效提高了小井眼长程取心钻进速度。

该高温泥浆体系还可以有机兼容部分封堵浆材。以“裂隙中楔卡力学公式”的理论推导为科学依据，按合理粒级与软硬剂材复配的耐高温钻井液具有显著的封堵功效。借此技术解决了5911～5965m龟裂散块井段的塌落瓶颈问题，形成了高温随钻泥浆正压差封固散体块石地层的新技术体系。

为厘清全井段泥浆温度的变化规律，研究并建立了井筒高温场分布计算模型。通过测取和分析其微观结构形态，揭示了高温下泥浆性能的改变机理。从流变本构方程出发，推导了泥浆循环阻力计算公式。为了有效悬排钻屑、防止冲蚀岩心以及有效冷却钻头、减小压力损失等，设计了各开次泥浆泵量，优化了钻进规程参数，为实际工程提供了支撑。

“5级固控＋选择性絮凝”技术的具体应用，使泥浆再生和开次转换复用率大幅度提高；研制的钻井液体系融入了“一剂多功”和“高温取利”的理念，极大地降低了运行成本。生产实践中，以技术指标为本，以成本为目标函数之一，遴选国内外高温泥浆材料，经过科学复配，控制成本，同时，创新的高温防漏技术，进一步控制了泥浆的耗损，使得全井泥浆费用仅为1 179.77万元。本钻井液体系中增添了高温防腐蚀剂，所用泥浆剂材均无毒、无污染，符合环保要求。

本书研究内容和成果突破了国内外长期受限的一部分钻井液理论与应用的障碍，填补了深井条件下取心钻进抗超高温泥浆的部分技术空白，为推动钻井液技术进步、提高钻井液应用水平，提供了创新思路。本书可供钻探工程、钻井工程和地质工程的科技人员、管理人员、相关专业的教师和学生使用与借鉴。

本书编著的分工为：乌效鸣对全书规划，编著1.3、1.4、2.1、3.1、3.5、5.3节，并与朱永宜共同编著1.1、2.2、4.1节，与郑文龙和许洁共同编著5.5节。胡郁乐编著1.2、4.2、4.3、4.4、5.2节，并与乌效鸣共同编著5.1节。郑文龙编著2.4、3.3、3.4、5.4节，并与许洁共同编著2.3、3.2节。由于编著者水平有限，本书中难免存在不足与错误之处，恳请读者给予指正。

编著者

2022年7月于武汉

目　录

第1章 绪 论

1.1 钻井液功能与松科2井复杂条件

1.1.1 钻井液的功用与基本要求

钻井液是具有适度黏稠性的流体，通过井中循环，将钻屑冲离井底并携带到地表，用以构成持续向前钻进的必要条件。同时，具有一定密度的钻井液在井眼中能够自然形成压强，作为平衡地层向井眼内挤压的反撑力，是维系井眼稳定的根本依托。这两条就是钻井液最为必要的基本功用。并且，钻井液还有冷却钻头、润滑钻具、水力碎岩、黏固井壁等辅助功用。另外，钻井液在某些特定场合还提供驱动井底动力机、传递井内信号、输送地层样品等不同的附加作用。由此可见，钻井液是钻井工程中不可或缺的重要组成部分，可以形象地将钻井液比喻为钻井工程的“血液”。钻井液工艺技术是安全、高效、优质钻进和完钻完井的关键保障体系。

钻井液在使用过程中，时刻与近井地层发生交互，所以也必然会带来一些潜在的负面影响，如渗透到井壁中的钻井液流体有可能扰动一些地层，产生井壁软化、膨胀、溶蚀，也会造成地（储）层污染和伤害；钻井液的压强过高或过低还可能压裂井壁或造成缩径塌孔；泵送循环的高速液流也会冲蚀井壁或产生压力波动而破坏井壁；钻井液对钻具等设备的腐蚀、对人员的伤害和对环境污染也都可能存在。这些负面隐患都是需要通过合理配制和使用钻井液来加以规避和消除的。同时，钻井液在使用中要求能够抵御诸如温度和压力异常、地层侵染等干扰，确保自身性能稳定。

钻井液技术的应用必须与钻井工程所处的条件和环境相适应，才能有效地解决复杂状况下的相关钻井难点问题。这主要体现于在各种复杂条件下如何针对性地确定钻井液性能、遴选浆材和优化配比，借以克服不利因素进而最有效地实现钻井液的诸多功用。钻井液应用的复杂条件主要取决于两个方面：一是自然的地质和环境条件，包括地质结构、岩石性质、地层压力和温度、水文情况等，具有客观性；二是人为的钻井工艺条件，包括井身结构、钻具组合、钻井规程参数和测录井要求等，具有主观性。

针对特定的钻进情况，在钻井液设计时除了考虑综合性能外，应主要突出相对的性能要点，这也是做好钻井液设计的关键所在。在高温钻井液性能设计中会遇到不少相互矛盾的情况，在满足一些设计指标时，另一些指标则可能达不到理想程度。对此，应抓住主要问题，兼顾次要问题，力保性能全面。欲获得优越的钻井液性能参数指标，选择并组合恰当的配浆材料是设计中的关键技术。要特别注意多种处理剂相互之间的影响，力求协调配伍，避免干扰抵消。最终，配方设计的优越与否还要进一步依靠对各种处理剂的加量控制，严格把握准确的材料比例往往是用好配方的要点。可以将耐高温环保钻井液体系设计的总体流程概括如下。

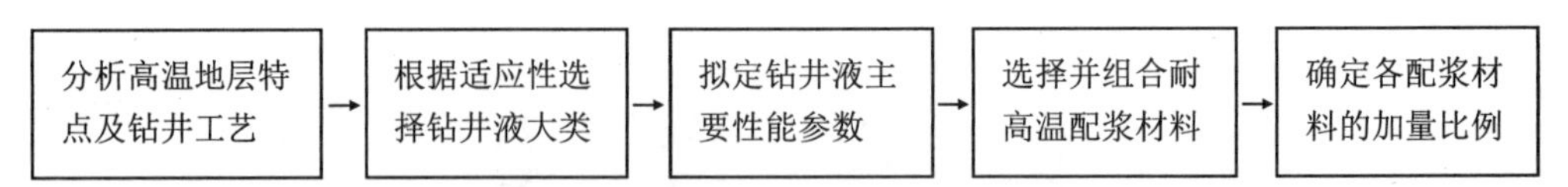

松科 2 井所处的复杂钻井条件在钻井工程中具有显著的代表性（图 1-1），该钻井工程十分需要钻井液在较为严苛的工况下发挥出一系列应有的功能。而这些客观和主观上的限制条件恰恰又对钻井液技术构成了严峻的挑战。笔者针对性地分析和归纳地质与工艺两大方面的多种影响因素，可从以下 3 个方面来了解和认识松科 2 井的钻井液所担负的艰巨重任和面临的复杂技术难题。

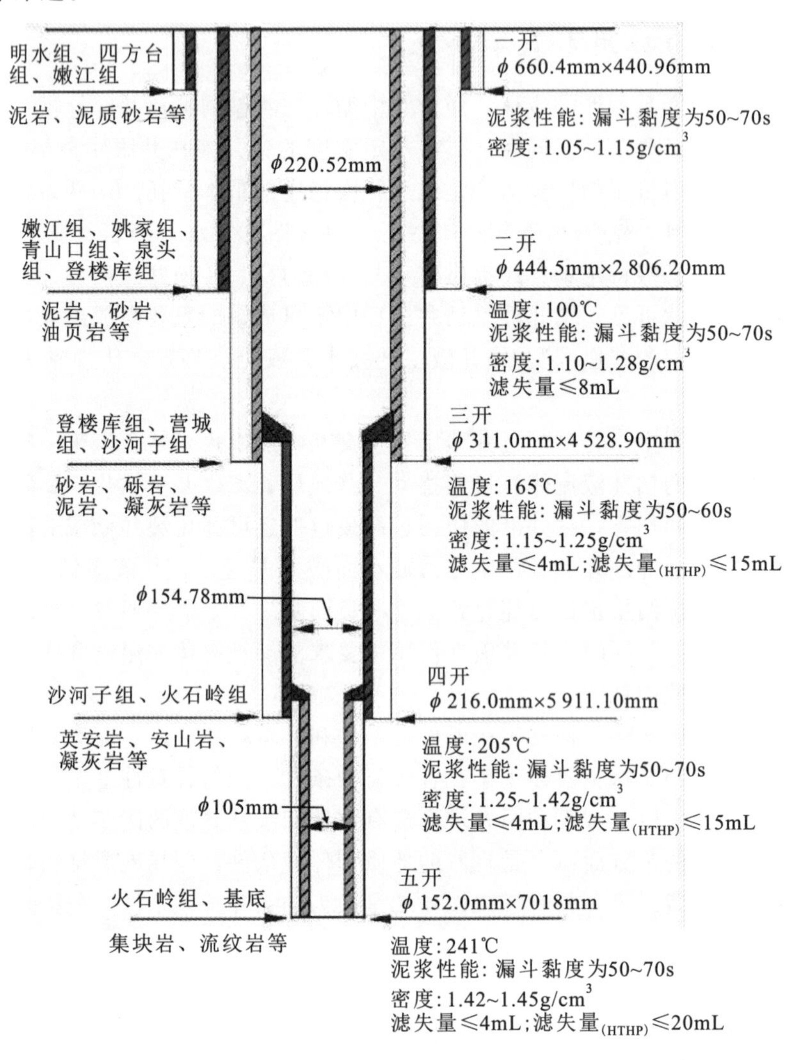

图 1-1　松科 2 井地层分布与井身结构示意图

1.1.2　超高温对钻井液的严峻挑战

松辽盆地是我国五大地热资源分布区之一。已有的研究资料表明，松辽盆地也是我国所有沉积盆地型地热资源中，地温梯度最大、同深度地温最高的地区。部分地区地温梯度值超过5℃/100m。

由地温与深度线性关系法和地温梯度法推测，松科2井的地温明显高于常规地温（3℃/100m）井。根据徐家围子断陷实测地温统计数据推算，松科2井接近7000m的井底温度在242.2～266.63℃之间。实钻中测得的井温（图1－2）和7018m完钻后测得的井底温度（241℃）证实了预测值与实际地温十分接近。

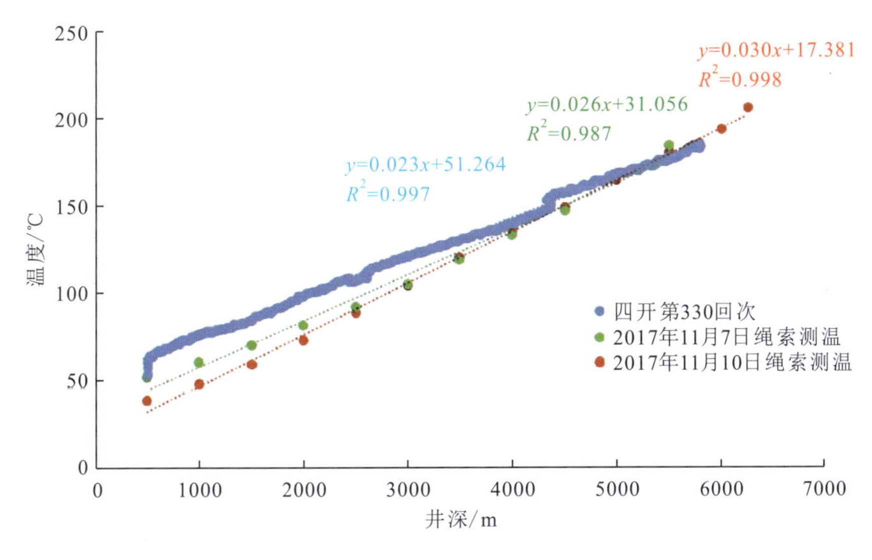

图1－2　温度-井深测温曲线

由上述松科2井面临的高温条件可见，预计四开（5800m）与五开完钻（预先计划6400m）时的井底温度将分别达到215℃和240℃左右，此时，钻井液的抗超高温问题将越发严峻。就目前世界范围的水基钻井液而言，无论是油气井、地质勘探井还是科学钻探井，尚无在如此高温条件下进行连续取心钻进的先例。

随着温度的剧烈升高，特别是在超过230℃的高温环境下，现有的传统水基钻井液体系会发生严重的蜕变和破坏。它们的分散稳定性、流变性、降滤失性、抑制性、封堵性、润滑性、防腐性等一系列性能都会不同程度的劣化。原有的携渣排屑、黏结护壁、压力平衡、抑制膨化、遏制溶解、减阻润滑、冷却、减少黏附、驱动钻具等功能均会大大减弱甚至丧失。这就会给钻井工程带来效率低、安全隐患多、质量差的后果，甚至造成严重的钻井事故。

1.1.3　多类型复杂地层的困扰

从松科2井的地质剖面可以看出其岩性和地层结构具有多种不同类型的复杂性，且常常交织混合。在复杂地质环境下钻井，原本难度就大，加上高温和深井的影响，松科2井的钻井条件愈加严苛，赋予了钻井液十分艰巨的任务。

1. 二开地层的松散兼水敏与局部高压

一开、二开（总深度为2 806.2m）上部为第四系明水组的黄土和松砂层（局部结构完整性系数 f 仅为0.15），极易出现塌孔、漏浆、黏钻等复杂情况；中部明水组的泥岩和泥质砂岩厚度较大，松散性和水敏性并存，造浆性强，易造成缩径和塌孔，钻井液黏切参数较难控制；下部嫩江组和青山口组为大段泥岩，易水化膨胀，钻开后将出现非均匀膨胀性裂隙剥蚀和严重掉块，地层泥岩易水化分散，自然造浆性强，流变性调控困难。此外，据邻井资料，在400m以深还有高压气层显示，因此还必须保证有足够的泥浆密度。

松科2井二开以内地层虽然温度不高，但其岩性复杂程度却比较严重，具有松散、水敏特征，且存在代表高压地层的特性。对此，钻井液必须重点考虑防止地层的造浆、缩径、垮塌、黏钻、窜涌等情况发生。

2. 三开地层的厚段强水敏性

三开（2840～4500m）钻遇地层主要为厚段交互的水敏性泥岩、凝灰岩及硬脆性煤层。其多段厚层泥岩的水敏性矿物组分含量很高（表1-1），多段岩石的水敏性指数 $I_a \geqslant 0.66$，属遇水严重膨胀地层。井壁软化、井眼缩径是这种地层最突出的问题，对井眼的安全稳定危害很大。其中，营城组的凝灰岩夹部分泥岩不仅有较强的水敏性，且胶结力弱的杂色砾岩在钻具的扰动下极易发生井壁分散；沙河子组煤层较多，预计在20层以上（不包括煤线层），稳定性极差，易碎、易塌，特别是在大井眼段，问题更加突出。

表1-1　松科2井三开部分岩心矿物组分鉴定表　　单位：%

样品号	伊蒙混层	绿泥石	白云石	石英	长石	方解石
1	16.03	16.63	4.51	28.58	9.22	—
2	15.28	12.98	—	31.72	9.37	16.33
3	19.41	19.46	—	24.03	8.40	1.93
4	10.63	11.23	1.47	29.96	30.44	4.87
5	6.79	13.28	2.88	43.79	22.9	3.52
6	6.55	7.74	—	35.66	31.01	7.10

另外，三开末端的井底温度已达到180℃，正在进入高温环境。如何在这种错综复杂条件下实现长井段连续取心，确保在长达几个月的施工中井壁不发生失稳，不造成塌井，这对钻井液的护壁性能提出了很高的要求。三开与二开岩性的复杂性区别在于：二开是以散碎为主兼有水敏，三开则是以水敏为主兼有散碎。

3. 四开地层的裂漏和盐溶泥垢

四开（4500～5900m）地层除部分延续三开水敏兼散碎的困难，还增加了裂隙漏失、局部盐溶及泥垢问题。四开火石岭组上部破碎的凝灰岩、泥岩、煤线夹层，下部地层孔隙压力、地应力、坍塌压力等参数没有预先资料可查，难以掌握，致使对钻井液密度等参数的设计难以预先确定，只有大致预判地层可能的岩性，同时准备更多的配方预案，边钻边测边调整钻井液性能。

实钻中，2483～3750m遇到多层段较大漏失，且钻遇含溶解性盐分的岩石，局部井壁溶化超径。该开次岩石泥质、盐分与细固相颗粒混合，极易形成泥垢，造成钻头泥包和钻杆黏附。这也是钻遇的棘手问题。

4. 五开地层的坚硬与龟裂

向着地质目标靶位钻进，从5900m开始，松科2井的五开由沉积岩进入火成岩，岩石性质发生了重大的突变。一方面，岩石变得十分坚硬且研磨性很强，可钻性等级由先前的Ⅴ级陡升至Ⅷ级。另一方面，岩石的可塑韧性相应减小，脆性相应增大。在原本密闭的高温高压环境被钻开而骤然变化时，岩体极易龟裂（岩爆）。这预示着有可能（实钻中已发生）在深部钻遇到碎石块区段。这种地层是钻井工程中井眼稳定的一大难题。

同时，在坚硬强研磨的岩石中钻进，需要冷却性、润滑性和流动性较强的钻井液体系，才能保证钻头持久锐利、钻具磨耗得到控制、钻进时效不至于大幅度下滑。常温下，这类制液材料的品种并不缺少，易于选配，但要遴选能耐受高温的这类剂种，并非容易之事，其材料相应匮乏。

1.1.4 深井取心钻探的特殊需求

与常规钻井工程相比，松科2井在钻进工艺方面存在着诸多不同点。这些工艺上的特点决定了对钻井液性能的特殊要求。

（1）松科2井取心钻进特有的岩心管在钻杆底端构成加长粗径柱，使井底钻具与井壁之间的环状间隙变得很小（如216mm的钻头，岩心管为194mm）且狭长，在提、下钻具时会造成井底较大的激动压力差。提钻具时产生剧烈的真空负压抽汲；下钻具时产生强大的泥浆挤压力，将严重危害井壁稳定，造成底抽脱心。依据流体力学原理，这种“活塞效应”的剧烈程度受粗径钻具的长度和钻井液可流动性（黏稠性）影响。而长筒取心恰恰又是松科2井高效获取岩心的技术突破（单回次41m取心创新世界纪录）之所需。这样一来，就明显限制了钻井液的黏稠度（不能过高），要求钻井液的可流动性强。

（2）从松科2井7018m井身结构看，五开的井径仅为152mm，四开的井径仅为216mm，环空流道和钻具通孔狭小且深度很大（这也是小井眼岩心钻探的一种客观体现），钻井液循环所产生的动压力会剧烈增加（见后文4.3.1小节的计算，此动压差可高达21MPa）；同时，开泵和停泵瞬间产生的泥浆压力激动也会很大。这种井内压力的大幅度反复变化，无疑会对井壁产生很大的破坏力，这也是泵送机械和循环管汇损坏及动力消耗加大的原因。而要降低这种特有的动压差，一个重要的技术措施就是减小钻井液在钻杆和环空中的流动阻力，这就必须降低钻井液的摩阻，使钻井液在具有合适的黏稠度的同时又具有良好的可流动性。

（3）松科2井的中、下部地层岩性逐渐变硬，特别是进入火石岭组（5000m以深）后，岩石愈发坚硬（经测试，其压入硬度在2500MPa以上），因此必须采用金刚石钻头才能有效进尺。而金刚石钻头要求钻井液的散热性强、刃具磨损少、流动性好，才能保证金刚石出刃坚硬，防止烧钻，否则无法提高钻进效率。而金刚石钻头以高速磨蚀方式碎岩，所产生的钻屑颗粒细小，坚硬井壁相对稳定，从这点上看也无须过于黏稠的钻井液体系。因此，需要研制适于金刚石钻进的“二低三高”（低浓稠、低黏切、高流动、高润滑、高散热）型钻井液体系，一改传统钻井泥浆的高浓度、高黏稠状态。

（4）井底动力钻具的要求。螺杆和涡轮钻具是松科2井深部钻进的利器，利用这些井底回转动力钻进，可以减小甚至不需要钻杆柱的回转，从而大幅度降低深井长程的无功扭矩消耗和对钻杆的磨损和冲蚀。然而，螺杆和涡轮钻具对钻井液性能有着较特殊的要求：一是钻井泥浆中的含砂量要尽量少，避免和减轻对动力机回转副的研磨，延长钻具的使用寿命；二是钻井液要有较强的清洗功能，防止因泥屑黏附结垢在动力机的工作腔中而降低钻具工作效率。图1-3是松科2井一款涡轮钻具因泥屑黏附致其内腔结垢的照片，因此，泥屑黏附结垢会严重阻滞涡轮叶片的正常旋转。可见，应用这类工艺时，对钻井液的防磨损和防结垢的性能有着很高的要求。

(5) 取心与物探的裸眼停待。首先，不同于连续划眼钻井，取心钻进要在每回次取心时段必须裸眼停钻，而全井自 2840m 至 7000 多米要求连续取心，且井越深，所需提取岩心的裸眼时间就越长。其次，根据松科2井地质目的及要求，在全井施工中将有多次较长时段的停钻测试，用于地质检验分析、物探测井及其他特殊工作，裸眼时间因地质研究所需而被迫增加。裸眼井壁在停钻期间将处于较长时间的无套管庇护状态，全靠钻井液维持井眼稳定。尤其在多段复杂地层中，钻井液的应对能力又需显著加强。

图 1-3 涡轮钻具内腔严重结垢的实物照片

此外，松科2井基于地质研究和精确勘探等特殊要求，对钻井液的物理和化学性质给予了某些限制（如荧光等），使钻井液材料选配的范围受到缩限。松科2井钻井液还要满足环保、经济性等方面的一些特殊需求。

1.2 高温对钻井的危害和控制现状

深井钻探，特别是特深井钻探有高温、高压、高应力“三高”难题。以地温梯度 2.5℃/100m，井深 13 000～15 000m 推算，井底岩石及地层流体的温度可高达 325～375℃；以正常地层压力梯度 0.010 5MPa/m，地层压力异常系数 1.2～2.1 计算，井深 13 000～15 000m的地层压力（或孔隙流体压力）可高达 136.5～330.75MPa。深井钻完井周期长、风险大、成本高，涉及的科学问题有高温硬岩破碎机理、高温钻井液稳定性、高温水泥浆流变性、高温测控响应原理、高温多场压裂改造等。设计的工程技术问题包括高温机具技术、破岩提速技术、高温钻井液体、高温固井技术和高温随钻测控技术等。在深井钻进效率方面，高温、高应力使得岩石抗压强度一般不小于 200MPa，破岩效率低，钻速一般小于 2m/h，同时高温使钻头磨损快，单只钻头寿命低、消耗大。在井壁稳定性方面，井下高压、高应力使得地层稳定性差，钻井液循环冷却使得井壁岩石交变热应力致裂，容易发生井塌、井漏、缩径、超径、掉块等现象，引起钻井液漏失或井壁坍塌事故。高温对钻井液、固井液提出了挑战，如钻井液高温稠化、失效，携岩差导致岩屑卡钻；套管柱水泥浆固井时，存在地层高温环境下固井水泥浆失效、水泥强度降低、封固失效、套管挤毁等风险，同时存在两层套管之间环空流体热膨胀、内压挤毁致套管报废等事故风险。井下高温对钻具、钻头和井内仪器提出了抗高温要求，如在高温条件下，井下动力机具工作性能和寿命、井眼轨迹测控和井内参数测试、泥浆的调控都是关键技术问题。高温井下信息的采集技术是深钻，特别是超深钻最为核心的技术之一，需要研究先行，解决信息的源头问题。可以说，深部钻探高温一直是钻井和随钻测井行业的能力极限。国内外典型高温高压井分布如图 1-4 所示。

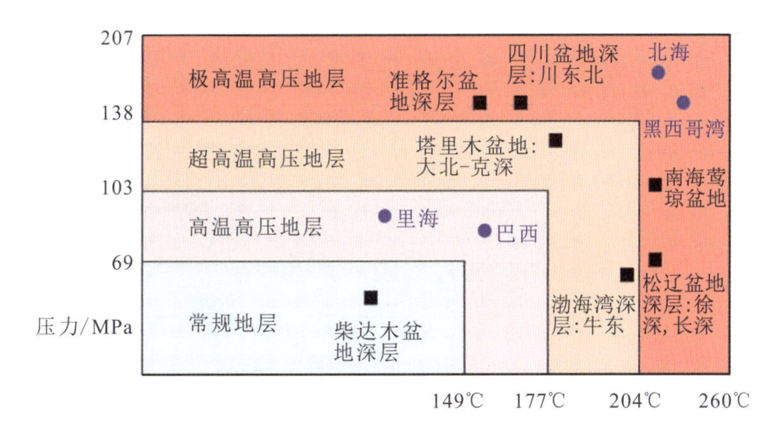

图1-4　国内外典型高温高压井分布示意图（据孙金声，2017）

井底高温会对钻井工程的安全造成严重威胁，主要体现在泥浆性能的高温蜕变和钻具工作性能的退变等方面。目前，已有材料的强度极限、仪器装备及钻探器具的耐温抗压极限等极端情况如图1-5所示。我国正在研发耐高温的井底动力钻具、测井仪器和耐高温钻井液。

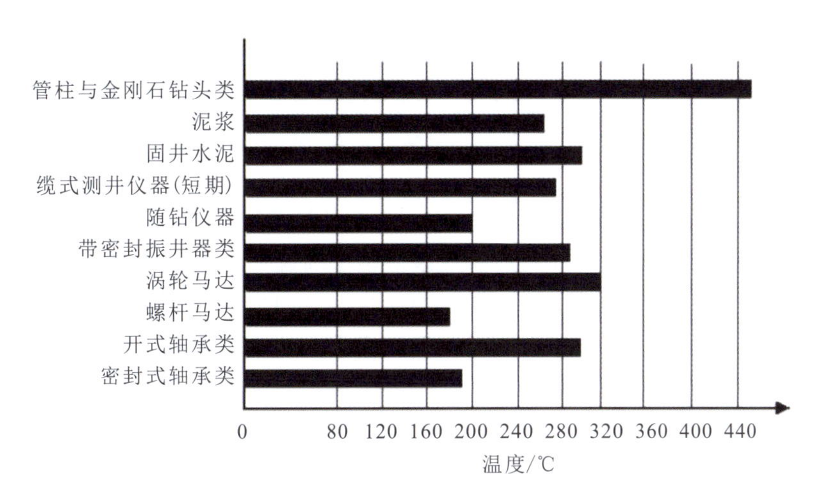

图1-5　钻井材料的温度限制

固井一直是深井、油气井和高温地热井安全实施的关键工序。针对井下高温，固井水泥浆和固井工具是研究的重要课题。目前的高温固井技术高温水泥浆体系包括超高密度、低密度、防气窜和柔性水泥浆体系。固井水泥浆抗温能力目前主要通过降失水剂和缓凝剂来调节，水泥浆体系温度水平为最高耐温国外260℃，国内206℃左右。高温固井水泥浆温度极限如表1-2所示。

为满足工程需要和科学研究要求，深井往往需要长时间、长井段裸眼钻进。井眼稳定和井眼轨迹控制问题凸显。世界上最深的井——科拉超深钻孔SG-3钻探时间最长，在1970—1989年历经了艰苦的过程，主要是高温高压问题造成井壁失稳和时效极低。举世闻名的KTB钻探项目，原设计孔深14 000m，实际深度9101m。原因也是控制钻进轨迹的垂钻系统无法应用，导致轨迹严重偏离目标，钻探工作无以为继而提前终孔。近年来，国内外高温随钻测控技术和动力钻具等均取得较大发展，应用温度如表 1－3 所示。

表 1－2　高温固井水泥浆温度极限

高温水泥浆体系	国外耐温上限（密度）	国内耐温上限（密度）
超高密度水泥浆体系	260℃（2.88g/cm^3）	150℃（2.6g/cm^3）
低密度水泥浆体系	175℃（0.72g/cm^3）	175℃（1.15g/cm^3）
防气窜水泥浆体系	191℃	206℃
柔性水泥浆体系	250℃	/

表 1－3　高温随钻测控技术和动力钻具应用耐温上限

技术	工具装备	国外耐温上限	国内耐温上限
随钻测量	MWD	200℃	175℃
	LWD	210℃	175℃
	旋转导向	200℃	175℃
动力钻具	螺杆钻具	150℃	150℃
	涡轮钻具	260℃	250℃

钻井行业温度划分：高温井 150～200℃，超高温井大于 200℃。高温高压条件下，钻井液密度高，流变性难以控制，国内外缺少或缺乏抗超高温处理剂，机理研究不完善，不能指导超高温钻井液开发，以及目前尚缺少必要的研究手段和高温性能评价仪器，使得现有钻井液抗超高温能力不足，钻井液高温失效，引发井塌、卡钻、井漏等一系列重大安全事故。因此，钻井液不能满足超高温条件下的安全钻井要求，将严重制约深部资源的勘探与开发。

深井、超深井使用的钻井液分为水基和油基两类。据统计，8000m 以内的井多用水基泥浆，而超过 8000m 的井大多用油基泥浆。油基泥浆的性能受高温影响较小，受压力的影响较大，高温性能容易控制，抑制页岩水化的能力很强。因此，油基泥浆是解决深井泥页岩、盐、膏泥岩层井壁不稳定的有效办法。油基泥浆抗地层中盐、钙和黏土污染的能力强，泥浆的润滑性及滤失性好，能有效地降低钻具的扭矩和摩阻，防止钻具腐蚀，预防深井重泥浆压差卡钻。因此，油基泥浆在国外深井中广为应用，特别在深且复杂的井中应用更多。但是，与水基泥浆相比，油基泥浆初始成本高，条件苛刻；对环境污染严重，消除费用高；易发生地层漏失；气溶性好，易发生井涌；机械钻速较慢，因而油基泥浆的应用受到限制。水基泥浆的高温稳定性差，但与油基泥浆相比，水基泥浆成本低廉、易维护，对环境的污染比较容易消除。所以随着深井钻井液技术的发展，出现了由油基泥浆向水基泥浆发展的趋势。资料显示，国内外高温井使用的水基钻井液如表 1－4 所示。

钻井液的研发难度随着温度的升高而增大。如超过 150℃泥浆与常规泥浆的研发周期和材料匹配差别极大；150～180℃，温度增幅虽然为 30℃，但难度系数进一步增加；从 180～200℃又是一个难度等级；200℃以上，即使只增加 10℃，技术要求和难度系数也呈指数上升。超高温条件下钻井液的主要性能变化体现在高温絮凝与高温分解。国内外普遍认为钻井液抗高温的重点在于处理剂抗高温能力，按照这一理念，国内外合成数百种抗高温处理剂，组成数十种水基钻井液。高温钻井液机理研究认为，高温絮凝是由聚合物在黏土解吸、黏土聚结-絮凝以及聚合物交联引起。因此，针对高温絮凝，一般解决方法是采用解絮凝剂-降黏剂。而高温分解是由于聚合物在黏土解吸、黏土的去水化和聚合物的降解等，其解决方法是使用高温降滤失剂等。

表1-4　高温水基钻井液应用

国家	井号	井深/m	井底温度/℃	钻井液
苏联	科拉-1井	12 869	215	低固相聚合物钻井液
德国	KTB科探井	9101	280	D-H/HOE/Pyrodrill钻井液
美国	S2-14科探井	3220	353	皂石-海泡石聚合物钻井液
中国	西藏羊八区块-ZK4002	2 006.8	329.8	分散性抗高温钻井液

在抗高温钻井液技术方面，国内研究开发了一系列磺化类抗高温处理剂，随后开发出磺化木质素、磺甲基酚醛树脂和一些特种树脂。最近10年，随着N，N-二甲基丙烯酰胺与AMPS等单体的问世和国产化，相继开发出多种耐高温抗盐的降滤失剂和稀释剂。主要抗高温钻井液处理剂包括抗高温降滤失剂和抗高温稀释剂。其中，抗高温降滤失剂有SMC、SMP-1、SMP-2、SPNH、SLSP、SHR、SPX、SCUR、G-SPNH、AMPS共聚物、CHSP-1、CAP、SFJ-1等；抗高温稀释剂有SMT、SMC、MGBM-1、XG-1、SSHMA、PNH、AMPS共聚物、THIN、SF260等。AMPS共聚物等抗温能力高于200℃，其余低于200℃。在此基础上，逐步形成几种抗温超过200℃钻井液。

从国外抗高温钻井液体系来看，美国斯伦贝谢公司研究了抗高温硅酸盐钻井液，具体做法为：选用高pH值下保持稳定的共聚物作为抗高温聚合物；配方为1.4%KCl+0.07% Na_2CO_3+0.285%常规PAC+0.3%UL PAC+4.2%抗高温聚合物+0.2%XC+2.282%硅酸钠+改性沥青+1.14%胺基高温稀释剂+29%重晶石（pH=11.3）；钻井液性能重复性好，160℃下高温高压滤失量仅为5mL，且抑制性强。美孚公司首次用高温钻井液——甲酸盐钻井液钻高温高压井，它是一种无膨润土抗高温钻井液，常用处理剂在甲酸盐钻井液中配伍性好；甲酸盐能提高聚合物的高温稳定性和热稳定性。贝克休斯研究了高温聚合物钻井液，主要成分为合成多糖类聚合物降滤失剂、抗温可达260℃的低相对分子质量的SSMA、合成聚合物AT解絮凝剂、抗温可达315℃低分子AMPS/AM降滤失剂、高分子AMPS/AAM降滤失剂、改性褐煤聚合物CTX和增黏剂等。在德国KTB-HB工程中，钻井液应用温度范围广，泥浆抗温达233℃，具有良好的悬浮性和抗污染性。它的主要成分为SIV，一种由钠、锂、镁和氧组成的合成多层硅（白色粉末）。国外抗高温水基钻井液典型处理剂如表1-5所示。

因“向地球深部进军”需要，油气钻井、高温地热井、深地科学钻探对钻井液抗温能力要求越来越高。吉林油田长深5井深度5321m，井底温度达210℃；胜利油田深科1井深度7026m，井温达235℃；青海共和盆地某地热井深度3705m，井温达236℃；大庆古龙1井井深6320m，井底最高温度达262℃；冰岛深层钻探地热井和肯尼亚OLKARIA DOMES井底温度超300℃。近年来，研究人员对高盐高密度钻井液超高温稳定机理进行了研究，构建抗温260℃抗饱和盐抗钙钻井液体系，完成抗温（260℃）、抗盐（饱和NaCl、$CaCl_2 \geqslant 2\%$、$MgCl_2 \geqslant 1\%$）、高密度（$2.60g/cm^3$）水基钻井液体系的开发。根据起泡剂分子特点，研究了增强气液界面膜强度的功能性材料，使泡沫钻井液抗温能力提高到300℃以上。

表1-5 国外抗高温水基钻井液典型处理剂

生产单位	处理剂代号	作用与性能
瑞士科莱恩公司	Hostadrill	分子量为50万～100万共聚物，抗温达230℃，能改善钻井液流变性
美国贝克休斯公司	MIL-TEMP	低分子量解絮凝剂，抗温达260℃，可稳定钻井液的流变性，适用于淡水、盐水等环境
德国巴斯夫股份公司	Polydrill	磺化降滤失剂，抗温200℃以上，具有优异的抗盐性，不具备增黏性
美国雪佛龙菲利普斯化工有限公司	Driscal-D	抗高温聚合物降滤失剂，抗温达260℃，可用于淡水和高矿化度环境中，抑制钻屑分散
斯伦贝谢公司	Resinex	树脂类降滤失剂，抗温220℃以上，适用于淡水河盐水环境，与国内SMP类似

在钻井液机理研究方面，科研人员发现，虽然处理剂本身能抗超高温，但仍然不能形成性能稳定的钻井液。对黏土失稳机理进行研究发现，水基钻井液黏土颗粒在常温至90℃主要为水化分散状态；在90～180℃时，水化分散-聚结状态同时存在；在180～240℃时，黏土颗粒主要为钝化状态（去水化）的现象。这一现象揭示了黏土高温去水化是钻井液超高温失效不可忽视的关键因素，突破了国内外普遍认为钻井液抗高温的重点在于处理剂抗温能力的传统理念。科研人员找到了进一步提高水基钻井液抗温能力的关键因素，即加入黏土颗粒高温保护剂，解决黏土去水化，提高抗温性，可大幅提高钻井液抗超高温能力。

在高温钻井液评价方法方面，研制开发了耐温400℃钻井液性能评价仪器设备，如高温高压滤失仪、高温高压滚子加热炉、高温高压页岩膨胀仪等。

松科2井抗高温钻井液研究成果是成功钻达7108m的关键技术之一，该体系抗240℃体系已得到了工程检验，抗250℃以上体系也完成了室内实验，具有高温钻井应用前景。

1.3 水基钻井液性能参数及高温测试

以水为基液（分散介质）的钻井液统称为水基钻井液。它是应用最为广泛的钻井液类型，约占钻井液总和的95%以上。因为水基钻井液的基础分散相一般为造浆黏土，所以又称其为水基泥浆或简称为泥浆。松科2井采用水基钻井液体系。

1.3.1　水基钻井液性能参数

钻井液的性能是钻井液的组分以及其各组分间相互物理化学作用的宏观反映，它们是反映钻井液质量的具体参数。钻井液性能及其变化直接或间接地影响钻井质量和效率。

钻井液的主要性能有密度、固相含量、流变性（黏度和切力等）、滤失性能（滤失量和泥饼质量），以及含砂量、润滑性、胶体率和pH值等。

1. 钻井液密度

钻井液密度ρ是指每单位体积钻井液的质量，常用g/cm^3（或kg/m^3）表示。在钻井工程中，其英制单位通常为lbm/gal（即磅/加仑）。钻井液密度也常用钻井液比重来描述。钻井液密度是确保安全、快速钻井和保护储层的重要参数。通过改变钻井液密度，可以调节钻井液在井眼内h深处的静液柱压力$p_{液}$（$p_{液}=\rho hg$），用来平衡地层构造应力，亦用于平衡地层孔隙压力，以避免井壁塌、裂和井涌、井漏的发生。

井眼（钻孔）形成后，地应力在井壁上的二次分布所产生的指向井内引起井壁岩石向井内移动的应力，称为井壁（地层）坍塌应力$p_{塌}$。$p_{塌}$一旦超限，井壁岩石必然被逐渐挤掉入井中（垮塌）。钻井过程中，$p_{塌}$用井内钻井液液柱压力$p_{液}$来有效地给予平衡。$p_{液}\geqslant p_{塌}$时，井壁不会向内失稳；$p_{液}<p_{塌}$时，则可能发生井塌。除了$p_{塌}$之外，裸眼井段还有地层流体压力$p_{地}$和地层破裂压力$p_{破}$（$p_{漏}$）。当$p_{液}<p_{地}$时，会发生井涌或井喷；当$p_{液}>p_{破}$（$p_{漏}$）时，则会发生井漏。因此，钻井液安全密度窗口（密度范围）$\Delta p=p_{破}-p_{地}$（$p_{塌}$）。

钻井液密度对悬排钻屑也有较大影响。井液中钻屑的相对重力等于它在空气中的重力减去井液的重力，因此可以用较高的钻井液密度来提高悬浮钻屑的能力。在一些钻屑颗粒和密度较大的岩层中钻井时，这是有效排渣清井的技术手段。

钻进速度也受钻井液密度的影响。首先，钻井液的直接压强对井底破碎面的岩石施加了反破碎的压紧力，阻碍了钻破，造成钻速下降；其次，密度增加往往是钻液中固相含量（包括含砂量）增加而造成的，此时井底清洁度差，重复破碎严重，也会使钻速下降。因此，钻井液密度在能够满足护壁和悬渣的前提下应当尽量设计得小一些。

综合以上需求，一般情况下，水基钻井液的密度在$1.00\sim1.30g/cm^3$范围内调整，而在复杂和异常条件下，需有更高或更低密度的调整。例如在超高压蠕变地层中，有时会将泥浆密度调到$2.0g/cm^3$以上，而在低压岩层中，则会采用不到$0.65g/cm^3$的超轻钻井液体系。

2. 钻井液流变特性

钻井液流变性是指在外力作用下，钻井液发生流动和变形的特性，是其黏稠程度和可流动性的量化体现。钻井液的流变性经常用表观黏度、塑性黏度、动切力、凝胶强度、静切力、稠度系数、流型指数等流变参数来具体表征。钻井液的黏稠性是悬浮岩屑与重晶石、保证井眼清洁、黏结稳定井壁的关键控制指标，而钻井液的可流动性则对冲携钻渣、降低循环摩阻、提高机械钻速等起着十分重要的作用。

钻井液的流变性可以用流变曲线（图1-6）进行综合描述，根据流层间剪切应力随剪切速率（流速梯度）变化的客观特征不同而分成牛顿流体、宾汉流体、假塑性流体和膨胀性流体。针对不同流体，建立了不同的本构方程，用不同的流变参数来评价流变性。例如表现为宾汉流体的钻井液用塑性黏度 η_p 和动切力 τ_d 反映其主要流变性，而幂律流型钻井液则以稠度系数 K 和流型指数 n 反映其主要流变性。流变模型和流变曲线是计算循环流动阻力的建模基础，也是揭示钻井液触变性和剪切稀释作用的理论依据，更是探究环空流速分布（尖峰流、过渡流、平板流）的出发点。

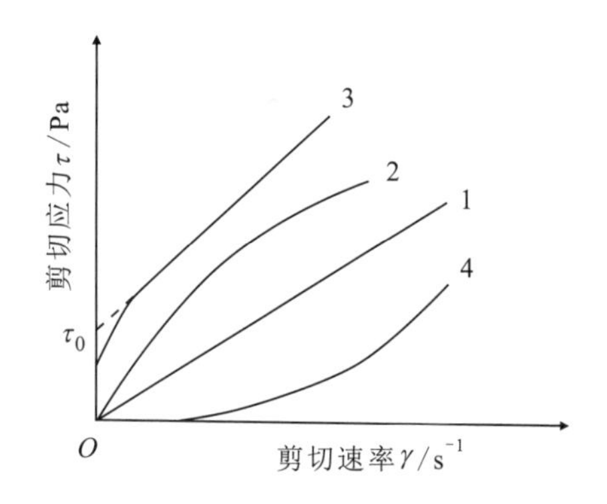

图 1-6　钻井液流变曲线

1. 牛顿流体；2. 假塑性流体；3. 宾汉流体；4. 膨胀性流体

科学设计钻井液的流变参数是钻井工程的重要技术内容之一。流变参数的取值必须依据地层岩性、钻进工艺规程、钻具组合等条件进行分析计算来确定，有着较大的控制调整变化范围。例如在松科 2 井三开的松散破碎地层中，为黏结护壁和悬排大颗粒钻屑，钻井液的塑性黏度设计高达 35mPa · s，切力高达 20Pa。而在深部五开的坚硬完整的强研磨性地层中，为提高碎岩效率、减少钻具磨损和降低循环摩阻，塑性黏度仅取 8mPa · s，切力降至 3Pa。

流态也可归属到钻井液的流变性研究范畴。钻井液的层流态与紊流态对钻井的不同影响也不可小觑。特别是在减小循环摩阻和悬排钻屑方面，流态的调整也离不开对钻井液流变参数、流变模型和流变曲线的设定。

钻井液的流型、流变曲线和流变参数主要由配制钻井液所用的材料来决定。各种提黏剂、降黏剂、絮凝剂、切力调控剂、流型调节剂、减阻剂、流态改变剂等都是针对不同流变性需求而提供的，需视具体条件进行相应的钻井液配方调整。

3. 钻井液失水性

钻井液失水性是钻井液的主要性能之一，是指在井内压力差的作用下，钻井液中的自由水通过井壁孔隙向地层中渗滤，同时钻井液中的粒物附着在井壁上形成泥皮造壁。失水对钻井的危害颇大，在深厚的强水敏地层中甚至成为制约钻进的瓶颈问题。①当地层为泥页岩、黄土、黏土时，滤失过大会引起井壁吸水膨胀、缩径、剥落、坍塌；②对于破碎带、裂隙发育的地层，渗入的自由水洗涤了破碎物接触面之间的黏结，减小了摩擦阻力，破碎物易滑入井眼内，造成井壁坍塌、卡钻等事故；③在溶解性地层中的滤失越多，井壁地层被溶解的程度就越高；④厚泥皮会加大对钻具的吸附，使钻杆回转阻力增加；⑤厚泥皮使环空过流面积减小，循环阻力和压力激动增大；⑥厚泥皮使测井数据的准确性降低；⑦滤失量越多，对地层的浸污越严重，影响勘查数据的准确性；⑧滤失量越多，对地层的伤害越严重，影响油、气、水的渗透率，降低井的产量。

钻井液的失水遵循达西渗流定律：

$$Q_t = \frac{\mathrm{d}V_f}{\mathrm{d}t} = \frac{KA\Delta p}{h\mu} \tag{1-1}$$

式中：Q_t 为渗透速率（m^2）；K 为泥皮的渗透率（m^2）；A 为渗滤面积（m^2）；Δp 为渗滤压力（Pa）；h 为泥皮厚度（m）；μ 为滤液黏度（Pa · s）；V_f 为滤失液体的体积，即滤失量（m^3）；t 为渗滤时间（h）。

若设：C_c 为泥皮中固体颗粒的体积百分数（%）；C_m 为钻井液中固体颗粒的体积百分数（%）。则积分式（1-1）可得滤失掉的自由水体积 V_f 为

$$V_f = A\sqrt{\frac{2K\left(\frac{C_c}{C_m}-1\right)\Delta pt}{\mu}} \tag{1-2}$$

水基钻井液在具备密度、流变性和降失水性3个方面性能参数的同时，还有其他一些重要的考量指标，主要为以下几种。

（1）分散性：是指造浆黏土的水化分散程度、防聚结稳定性，是测评钻井液基浆性能好坏的指标。多用胶体率仪、激光粒度分析、膨胀容、阳离子交换容量、蒙脱石含量（如亚甲基蓝滴定）、造浆率等测试参数表征。

（2）抑制性：是指钻井液对地层遇水（碱、酸、盐）后敏感变化的抑制能力，是防止井眼失稳的一个指标参数。常用膨胀量、滚动回收率、移液速度、导电距离等测值来反映。

（3）润滑性：是指钻井液与钻具或岩石之间的润滑系数（可换算为摩擦系数），是减少钻具磨损的一个直接衡量参数，也是降低循环阻力、冷却钻头的间接考证指标。多用润滑仪（例如EP-2型极限压力润滑仪）测试。

（4）黏附性：是指泥饼与钻具吸附黏结力的反映，为检验钻井液的防钻头泥包、防钻杆黏附的性能好坏所用。可用专用的黏附系数仪（如附系数测定仪NF-2）进行测试。

（5）抗侵性：是指钻井液抵抗外来（地层水及岩石矿物）离子和化学物质干扰的能力，如钻井液的耐酸、耐碱、耐盐、耐土侵能力。采用在钻井液中添加相关剂种来测试钻井液的主要性能衰变的程度。

（6）防蚀性：是指钻井液对金属钻具和设备锈蚀的遏制性能。例如采用金属挂片浸泡在钻井液中，经一定时间观测腐蚀、锈变情况来甄别。

（7）无毒性：是指钻井液的无毒、低污染、低伤害性质。根据不同的安全、环保、健康要求，采用不同等级的检测。

（8）耐温性：是指随温度变化，钻井液性能参数的稳定性，特别是在高温下，钻井液能否维系应有的主要功用。这也是本书展开论述的重点。

1.3.2　高温高压钻井液性能测试评价的仪器

由于高温下泥浆的性能会发生较大的变化，所以要研究把握高温条件下泥浆的性能参数，就必须在常规（常温）泥浆性能测试方法的基础上，增加高温模拟环境的测试仪器与设备。尤其对泥浆的流变性、失水性、堵漏性、膨胀性等关键参数，应该在能够达到约250℃的条件下进行测试，才能正确和准确地评价真实的性能指标。同时，高温有可能导致配浆材料微观结构的明显改变，为对比与常温下的重要区别，需要对浆材进行微观和宏观的特殊仪器观测与分析。松科2井为此配备了较齐全的泥浆测试仪器、设备及其评价方法。

1. 高温高压流变仪

钻井液的黏度受温度影响很大，实验室内的六速旋转黏度计不能满足更高温度下的测试要求，需要采用高温高压流变仪对钻井液在高温条件下的流变特性进行测量。本书使用的是美国FANN INSTRUMENT COMPANY生产的FANN 50 SL流变仪，其外观如图1-7所示。

它是一种高精度同轴旋转型黏度计，可以测试高温条件下流体的流变性，温度、压力、

剪切速率、剪切时间、采样频率等条件可根据需要设定。该仪器与远程控制单元ROC及计算机配合使用，通过界面将传感器信号发送到计算机，从而完成对操作的监控，再将正确的操作信号通过界面返回到仪器。最高测试温度为260℃，最高测试压力为6.895MPa。测试原理为，钻井液位于内外筒之间的环形空间，电机带动外筒旋转时，会在内外筒间产生一定的黏滞阻力，使得扭矩弹簧产生一定的偏转，偏转值可转换为剪切应力值。如此，即可获得剪切速率与剪切应力之间的对应关系，通过对二者的关系进行数学分析，可以进行高温下流变模型的拟合以及流变参数的计算等。

图 1－7　FANN 50 SL 型高温流变仪

2. 滚子加热炉

在评价钻井液抗温性方面，需要将钻井液样品于特定温度条件下进行加热。如图 1－8 所示，仪器由滚子炉箱体、加热管、滚子、泥浆陈化釜、电机等组成。基本规格参数为：最高工作温度为300℃，可同时滚动加热8个500mL的陈化釜，采用智能PID参数控制，温度分辨率为1℃。

图 1－8　热滚炉及陈化釜

滚子加热炉除用作对钻井液进行抗温性能评价外，还可以用作钻井液的抑制性评价中的泥页岩加热滚动试验。大致方法为：首先将收集的钻屑或破碎的岩心，过6～10目的分样筛，然后称取 m_1（一般为50g）的筛余物加入清水或配方钻井液中，在特定温度下加热滚动一定时间（16h）后，冷却至室温，将钻屑连同钻井液倾倒至40目的分样筛上，轻轻漂洗以清除钻屑表面残余的钻井液，然后转移至烘干箱内，于105℃条件下干燥，待干燥至恒重 m_2 后，计算泥页岩热滚回收率 R_c。计算方法为

$$R_c = \frac{m_2}{m_1} \times 100\% \tag{1-3}$$

3. 高温高压黏附系数仪

图1-9 黏附系数测试仪

黏附系数仪为表征钻井液的泥饼摩阻系数的仪器。钻井过程中，钻井液在压差作用下在井壁上形成一定厚度和强度的泥皮，停钻时钻具与井壁发生接触，在压差作用下，钻具与泥皮间的接触面积逐渐增加，严重时有可能二者之间的黏滞力超过钻机回转钻杆的动力，此时便发生了黏附卡钻。该仪器也可用来测试钻头泥包状况。黏附系数仪的外观如图1-9所示。

它的基本组成包括钻井液浆杯、黏附盘、气源及管线、密封垫圈、扭力扳手等。使用扭矩扳手带动黏附盘，使其与泥皮间发生相对错动，记录扭矩扳手刻度盘的最大值。则泥浆的黏附系数计算公式为

$$\text{黏附系数} = \text{扭矩值} \times 8.45 \times 10^{-3} \tag{1-4}$$

高温高压黏附仪（GNF）可以测定泥饼的黏附系数，黏附系数越小，润滑性越好。仪器的特点是可以加温加压，实验最高温度为150℃，实验压差为3.5MPa。实验首先测定钻井液的高温高压滤失量，形成泥饼。高温高压黏附仪的滤失面积刚好与高温高压失水仪的滤失面积相等，所以测定黏附系数的同时，可以测定钻井液的高温高压滤失量。

4. 高温高压动、静滤失仪

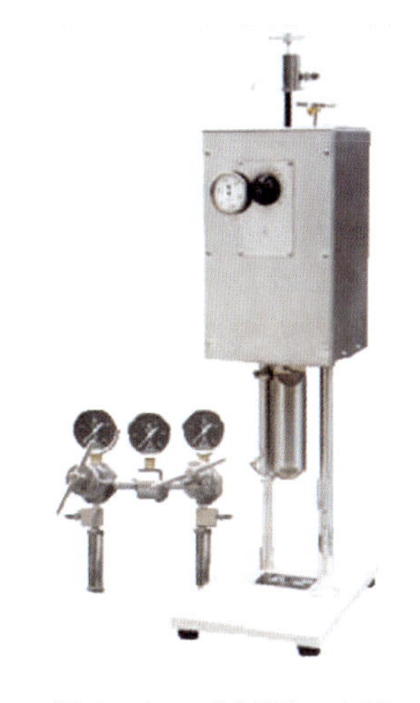
图1-10 GGS71-A型高温高压滤失仪

高温高压静态滤失仪是用来模拟钻井液在高温和高压环境下滤失情况的一种仪器，它的基本组成大致包括压力系统、加热系统、浆杯、滤纸及滤网、集液装置等，外观如图1-10所示。该仪器最高试验温度为232℃，浆杯最大工作压力为6.895MPa，泥浆杯容积为500mL，有效滤失面积为22.6 cm^2。

测试方法为：设置加热温度使其升温（设定温度大于试验温度5℃以加快试验进度）；待温度升到设计温度时，将待测钻井液样品于高速搅拌机上搅拌10min以确保其均匀，组装浆杯，安放滤纸，旋紧上、下两端杯盖的紧固螺钉；将组装好的浆杯置于加热套内，接上通气管线，插入金属温度计以监测浆杯温度；施加回压以避免滤液气化；待浆杯温度达到试验温度后，调整进口压力，确保压差为3.447MPa，旋送底部阀杆使得滤液进入集液杯内（如滤液体积较多使得回压增加，可先放出适量滤液）；试验时间达到30min时关闭上下阀杆以切断气源供给，关闭加热按钮，将集液杯内的滤液放出到量筒中，读取滤液体积并记录。所获滤液体积的2倍记为高温高压滤失量。高温高压动态滤失仪的功能不同于钻井液停止循环后的静态滤失，而是能模拟钻井液循环冲刷滤饼时产生的动态滤

失。实物产品如图 1－11 所示。

5. 高温高压膨胀量仪

为研究含膨胀性黏土矿物的岩石在高温环境下的膨胀特性，需要将所获岩心或钻屑研磨成粉后制备人工岩心柱，置于高温高压膨胀仪内，在不同的温度、压力及浸泡介质中，采集人工岩心柱膨胀量随时间的变化数据。试验所用高温高压膨胀仪外观如图 1－12 所示。它的基本构成包括制样装置、气源装置（控制压力）、加热及控温装置、岩心及浆液安放杯、位移传感器、电脑及专用软件程序等。室内配备了 HTP－C4 型双通道高温高压膨胀仪，最高工作温度为 260℃，最大工作压力为 7MPa，测量分辨率为 0.01mm，要求岩心柱直径为 25mm。

图 1－11 高温高压动态滤失仪

图 1－12 高温高压膨胀量测试仪

操作方法为：将过筛后的岩粉置于岩心压制机的岩心杯内，于 10MPa 压力下稳压 5min 制得人工岩心柱；组装岩心，旋紧上旋塞，将钻井液注入浆杯内，接上气源调整压力大于试验温度的蒸气压；确保浆液室与岩心室间的通道处于隔断状态；待温度升高至设定温度后，打开泥浆室与岩心室的通道，使得浆液进入岩心室内部，确保岩心处于浸泡状态，电脑自动接收位移传感器信号并记录位移量随时间的变化曲线。

6. 高温高压堵漏仪

图 1－13 所示是一种专用于钻井液堵漏性能评价的实验仪器。该仪器可模拟井内高温高

图 1－13 高温高压膨胀量测试仪

压状态下测试封堵材料的滤失量，对钻井液堵漏性能进行评价，还可用以预测钻井液封堵劣质受压地层的效果，从而阻止压差卡钻的情况发生。

在直接对钻进液常温和高温性能测试评价的同时，还需要对地质岩性等其他间接参数进行测试，从而为钻井液设计提供必要的依据。例如在松科2井抗高温钻井液技术研究中，采用X衍射法鉴定分析各井段岩石矿物成分，判定地层水敏性强弱；采用扫描电镜法对钻井液微观结构做出分析对比，以对比不同配方下钻井液的微观形貌特征，探索抗高温材料的作用原因和机理。

1.4 大温差循环井浆温度场分布建模

地层温度由上向下逐渐升高，使井内（环空中）泥浆的温度呈上低下高的分布规律。而不同温度下的泥浆性能又不相同，故此便构成了泥浆性能沿井深变化的实际状况。井底温度越高且与地面的温差越大，上、下井段的泥浆性能差异就会越大。要达到高温差下泥浆性能的上、下兼顾，调控难度也就越大。

井内温度的沿程分布表现为两种不同情形：其一，钻井液长期停泵静置后，井内温度场分布趋于与原地温度场分布一致；其二，钻井液泵送循环时，井内温度场分布会异于原地温度场分布。在高温（差）井的泥浆循环过程中，较低温度的钻井液从地面经钻杆注入井底，再经环空上返，沿程交换吸收了地层的部分热量，将其带到地面，这就改变了原停泵状况时的井内温度沿程分布值，使井底温度有所降低而出口温度有所上升。

获得循环条件下沿井深的温度分布，是松科2井钻井液技术的一个重要基础研究内容。依此才能由上至下全面把握钻井液的动态变化性能，从而兼顾不同温度域段钻井液作用的正常发挥。同时，也可利用泵送循环来降低井内高温，改善钻井液的使用条件。特别是在井底预示超高温而地面温度较低的大温差环境下，对循环温度场分布的把握尤显重要。

循环井浆温度场分布建模是钻井液应用中的一个重要命题，对它的研究需考虑多项影响和被影响因素。首先将这些因素分析如下：

（1）原地温度场是指在以井眼为中心的一定区域内地层的原有温度分布。除非有特殊情况，一般假定同深度水平方向温度分布相同，即 $T(x)=T(y)$ =恒定值，原地温度仅随垂直深度变化而变化。可进一步假定这个变化与垂直深度（h）是线性变化的关系，即 $T=k\cdot h$，常称系数 k 为线性温度梯度。

（2）地层岩石传热能力用导热系数（热导率）λ 表示，即沿热量向井内传递，单位长度（l）上温度（θ）降低1℃时单位时间（t）内通过单位面积（s）的热量（Q）。岩石的热导率（表1-6）取决于岩石的成分、结构、形成条件、含水状况、温度和压力等。一般情况下，岩石的热导率随压力、密度和湿度的增大而增大，随温度的增高而减小。地壳上部的温度和压力对岩石热导率的影响极小。

（3）钻井液地面泵入温度 T_0（℃）使井内温度向着该温度变化。它与井中温度的差值越大越影响井内钻井液温度的变化量。在地面预先降低 T_0 可以一定程度地降低井内温度。

（4）循环泵量 Q（m^3/s）决定了钻井液在钻杆内的流速和在环空中的流速，而流速的大小又决定了携带热量的快慢。相对较冷的钻井液的泵入量越大，井内温度变得越低。

（5）井深 L（m）决定井内温度随单位深度的变化强度，也反映热量交换所经过的距离，

表 1-6　不同岩层的热传导数据表

岩石	密度/ $(g \cdot cm^{-3})$	温度/℃	比热容/ $[J \cdot (kg \cdot K)^{-1}]$	温度/℃	导热系数/ $[W \cdot (m \cdot K)^{-1}]$	温度/℃	热扩散率/ $(10^{-3}cm^2 \cdot s^{-1})$
玄武岩	2.84～2.89	50	883.4～887.6	50	1.61～1.73	50	6.38～6.83
辉绿岩	3.01	50	787.1	25	2.32	20	9.46
闪长岩	2.92			25	2.04	20	9.47
花岗岩	2.50～2.72	50	787.1～975.5	50	2.17～3.08	50	10.29～14.31
花岗闪长岩	2.62～2.76	20	837.4～1 256.0	20	1.64～2.33	20	5.03～9.06
正长岩	2.80			50	2.20		
蛇纹岩	2.5～2.62			50	1.42～2.18		
片麻岩	2.70～2.73	50	766.2～870.9	50	2.58～2.94	50	11.34～14.07
大理岩	2.69			25	2.89		
石英岩	2.68	50	767.1	50	6.18	50	29.52

是一定泵量下热量交换时间的一个重要决定因素。

(6) 井底温度 T_1（℃）一般是井内温度的最高点，钻井液循环时的要低于不循环时的。

(7) 地面返出温度 T_2（℃）一般介于井底温度与地面泵入温度之间，是可以随时测得的重要边界条件。

(8) 钻井液交换热量的能力可以用比热容来衡量。比热容定义为：单位质量的某种物质升高或下降单位温度所吸收或放出的热量。

(9) 钻头碎岩产生的热量、井中循环介质的热发散、钻杆与套管的热传递能力、地层流体与井中流体的对流等也会对井内热场分布产生影响。

将上述各种因素相互关联，建立循环条件下温度场重新分布的量化计算模型，是一个复杂的推导过程。且因地热等因素的错综变化，原始参数也难以准确确定。但是，若将部分条件简化，则可以建立这个初步关系模型。

首先看，地面的低温钻井液泵入井后，经过井中自然加热，即以较高温度返出。按热容量的定义，有下述成立关系：

$$P_1 = c \cdot Q \cdot \rho \cdot (t_1 - t_0) \tag{1-5}$$

式中：P_1 为单位时间钻井液携出的热量（W）；c 为钻井液的比热容 [J/（kg·℃)]；Q 为泵量（m^3/s）；ρ 为钻井液密度（kg/m^3）；t_0 为入口液温度（℃）；t_1 为井液温度升高后的平均值（℃）。

再看高温地层向井中传入的热量。根据热传导理论有

$$P_2 = \lambda \cdot A(t_2 - t_1)/B \tag{1-6}$$

式中：P_2 为单位时间地层传入的热量（W）；λ 为地层的导热系数 [W/（m·℃)]；A 为热降区折合面积（m^2）；B 为热降区折合厚度（m）；t_2 为原地平均温度（℃）。

当循环温度场的变化达到动态平衡时，高温地层向井眼中传递的热量等于循环钻井液从

井中携带出的热量，即 $P_1=P_2$。据此，合并式（1－5）与式（1－6）得

$$t_1=\frac{\lambda At_2+BcQ\rho t_0}{A\lambda+BcQ\rho} \tag{1-7}$$

进而求解循环钻井液温度的沿深分布。在此，利用地面可以直接测取的温度参数，采取一种简便实用的近似算法来求解。因为井底部的热量被带到井筒上部，所以井中液体沿井深 l（l 为任一点的井深，L 为井的最大深度）的温度 t 发生重新分布，表现为井下部降温而井上部升温。又因为地面出口可以随时测到返出钻井液的温度 t_0，所以假设温度重新分布的曲线仍近似为直线且平均温度 t_1 在井深的中点 $L/2$ 处，于是有

$$t=\frac{2l}{L}(t_1-t_0)+t_0 \tag{1-8}$$

再将 t_1 以式（1－7）代入式（1－8）中，就可以建立井中循环钻井液温度 t 沿井深 l 分布的方程：

$$t=\frac{2l}{L}\left(\frac{\lambda At_2+BcQ\rho t_m}{A\lambda+BcQ\rho}-t_0\right)+t_0 \tag{1-9}$$

从式（1－9）可以简明地看出，降低入口温度 t_m，就直接降低了井底温度和井中温度。再进一步分析式（1－9），在入口温度 t_m 低于原地温度平均值 t_2 的前提下，井底温度和井中温差也随着泵量 Q 的增加而单调递减。所以，降低钻井液入口温度并增加泵量可以作为降低井底温度和减小井中温差的主动措施。

松科2井根据若干个不同钻深时测得的地面井口返浆温度 t_0，代入式（1－9）计算得到的循环工况下的井底温度 t_L 和温差 $\Delta t=t_L-t_0$，如表1－7所示。

表1－7　循环时井筒温度分布测算表

井深/m	井底原始温度/℃	钻头直径/mm	入口钻井液温度/℃	泵量/（L·s^{-1}）	实测返浆温度 t_0/℃	计算井底温度 t_L/℃	测算井底－井口温差 Δt/℃
3700	143.4	311	18	29.0	46.0	110.2	64.2
4200	160.8	311	20	25.2	51.0	122.9	71.9
4800	181.6	216	26	23.6	55.0	139.3	84.3
5500	203.6	216	30	19.5	63.0	154.7	91.7
6500	234.1	152	33	15.2	70.0	177.1	107.1
7000	247.0	152	34	5.38	73.0	188.3	115.3

作为抽样验证井底温度的研究工作，在松科2井5311m井深处，用随钻井底工况检测仪器（研制项目归属编号：12120113017100）探测到井泵循环中的井底温度为156℃（该点的原地温度为199.3℃）。而用式（1－8）计算的循环井底温度为152.2℃，与实测值较为吻合。据此，验证了该理论公式的基本正确性，同时也说明了上述对温度重新分布曲线假设的合理性。

从表1－7中的测算结果可以分析出，循环工况下的井底温度比该深度的原始地温降低23.1%～24.4%，且这时井底与地面出口的温度差减小更加明显，由原先的143～247℃降低为64.2～115.3℃。这样在一定程度缓减了温度场的剧烈变化，改善了钻井液的使用条

件，有利于循环工况下的钻井液性能的稳定。同时，对于高温循环钻井液的研配有了更准确的所处环境温度变化范围的客观依据。

对于入井液低温的需求，松科 2 井构建的 300m^3 的泥浆池，能使高温返浆在固控后得到大体量的快速冷却，为循环泵入低温钻井液提供了有利的条件。对于降温所需的较大泵量，则在符合对泵量其他控制要求的前提下，予以适度加大。

第 2 章　水基钻井液高温流变性调控

2.1　泥浆流变性与温度关系分析

2.1.1　高温下基液黏性衰减及分析

配制泥浆的基础流体（简称基液）由水或盐水（低分子盐溶液）、乳化油、多种表面活性剂等组成。在高温下，这些物质的性状尤其是黏性会发生很大变化，从而使基液甚至泥浆体系的黏度及其他相关性能衰变。

水是配制水基泥浆的最基本且用量最大的液相，约占泥浆总物质量的 80% 以上。水的黏度对泥浆体系总体黏度的影响较大。随着温度升高，水分子热运动加剧，水分子间的氢键作用减弱，导致液相水的内聚力和内摩擦力减弱，因而会使水的黏度降低。图 2－1 是从 15℃ 升高到 230℃过程中水黏度不断降低的变化曲线。可见，松科 2 井深部 240℃高温环境下，大量造浆用水的黏度只有 0.1mPa · s 左右，仅为地面温度（平均为 15℃）下的 1/13。这是钻井液在高温下总体黏度降低的一个不可忽略的基本影响因素。

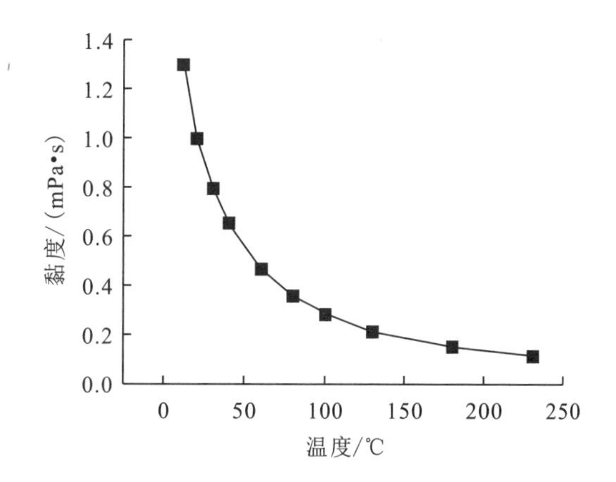

图 2－1　水的黏度随温度变化规律图

松科 2 井的配浆用水并不都是纯水，许多情况下是多种低分子盐（如 NaCl、KCl、Na-COOH、KCOOH、$CaCl_2$ 等）掺入后的盐水。由此进一步考证含盐水的黏度随温度的变化，亦均有明显降低的趋势。以 NaCl 溶液为例：浓度 5.5%时，20℃的黏度为 1.089mPa · s，而 100℃的黏度降低为 0.322mPa · s；浓度 18.9%时，20℃的黏度为 1.554mPa · s，而 100℃的黏度降低为 0.445mPa · s。可见，随温度升高，盐水的黏度也有较大幅度的降低。

配浆基液中还含有一定比例的乳化油微粒。随着温度升高，油质的黏度通常会降低。例如：某种普通润滑油在 10℃时的运动黏度为 6.8mm^2/s，在 60℃时即降为 2.2mm^2/s，而在 120℃时的黏度只有 1.0mm^2/s。油质在高温下不仅黏度降低，而且其润滑、冷却、减阻等功能性状也会受到损害。

多种类型的表面活性剂也是松科 2 井泥浆的关键调配剂材。表面活性剂水溶液的黏度与其所处的温度也为敏感关系。式（2－1）为表面活性剂溶液的相对黏度与温度和黏性流体活化热力学函数的关系式

$$\eta/\eta_0 = A \cdot \exp(\Delta G^* / RT) \tag{2-1}$$

式中：A、R 为与流体性质等有关的常数；ΔG^* 为黏性流体的活化自由能。

可以看出，表面活性剂溶液的相对黏度 η/η_0 是随着温度 T 的升高而单调降低的。

同时，高温环境下，水分子与部分处理剂分子之间的解吸附作用增强，泥浆处理剂的水化能力减弱，溶解度下降，因而会导致水溶液的黏度进一步降低。

再来看聚合物大分子溶液的情况，钻井液黏度的大幅度提高主要是靠添加水溶性大分子处理剂来实现。但随着温度升高，大分子溶液的黏度一般都会降低。对钻井液常用的许多提黏处理剂溶液进行高温流变性测试（FFAN－50 高温高压流变仪），得到大分子溶液黏度随温度升高而变化的数据规律是绝大多数实验样品的黏度都是温度的显著减函数。例如：某种分子量为 1200 万的聚合物溶液的黏度，20℃时黏度为 20mPa·s，随温度升高而不断降低，200℃时黏度仅为 1.5mPa·s，平均降低率在 0.1mPa·s/℃左右。显然，高温下如此低的基液黏度是满足不了钻井液对提黏的基本需求的。

高分子化合物都会因高温而产生分子链断裂，该过程称为高温降解。高温降解分为高分子主链断裂和亲水基团与主链联结链的断裂，随分子结构和所处环境不同，降解的程度不同。因为高温会断解原本由众多分子链相接合而形成大分子的节链，使其切分为中、小分子。而在相同质量浓度条件下，溶液黏度与分子量之间的关系定律式为 $M \propto B$，即分子量降得越低，溶液的黏度就越低。

但是也有特例，少数聚合物溶液在某高温段时的表观黏度反而增加，这种现象的实质是发生了高温交联。高温交联是指钻井液中的不饱和键和活性基团经受高温作用时促使分子链间发生反应而增加分子量的现象。如果能控制适度交联，则可以利用高温改善钻井液性能。但由于钻井液的组分复杂，影响交联的因素过多，稍有不慎就会交联过度而使钻井液变成失去流动性的冻胶状体。所以，目前对这种适度交联方法尚需探索其可靠性。

2.1.2 高温下膨润土失效的实验分析

膨润土是配造泥浆的基本原材料，在钻井泥浆中所起的作用非常重要。黏土粉具有充分水化分散并形成絮网结构来提黏、提切，迅速形成泥饼来降低滤失，稳定构成分布均匀的井液密度体系的特点。从技术效能和经济性看，目前尚无更有效的剂材可以普适性地取代造浆黏土来作为钻井液的基础分散相。

膨润土（微观结构如图 2－2 所示）的主要矿物成分为蒙脱石，可分为钠基膨润土、钙基膨润土、锂基膨润土等。蒙脱石的结构、含量等决定了膨润土的相关性质。蒙脱石晶格结构包括硅-氧四面体和铝氧八面体，其结构式为 $Si_8Al_4O_2O(OH)_4 \cdot nH_2O$，而且晶层间存在丰富的交换性阳离子。由于晶胞链接不紧密，在极性水分子和外界力作用下很容易发生相对运动而发生片状剥离，因此具有良好的水化性（膨胀性、分散性、吸附性）。对于钻井泥浆而言，膨润土的这些基本

图 2－2　放大 8000 倍的膨润土微观结构

特性表现为优越的造浆性能，即为水化膜包裹的黏土片粒以微米级尺度均匀稳定地分散在基液体系中，并具有搭接吸附形成适度网状絮凝的潜能，常温下造浆率达到 16m³/t（表观黏度为 16mPa·s），失水量显著降低，同时还保持了泥浆体系的充分可流动性。

但是，常温下广泛适用的膨润土泥浆在高温下性能却大为衰变，不能维持在稳定且恰当的参数范围内，甚至严重超标或完全丧失可用性。图 2-3 是对 4 种不同黏土粉加量的泥浆，改变老化温度所作的黏度测试结果（剪切速率的改变安排了 2 种）。从图中可以看出一些典型现象和有代表性的规律。

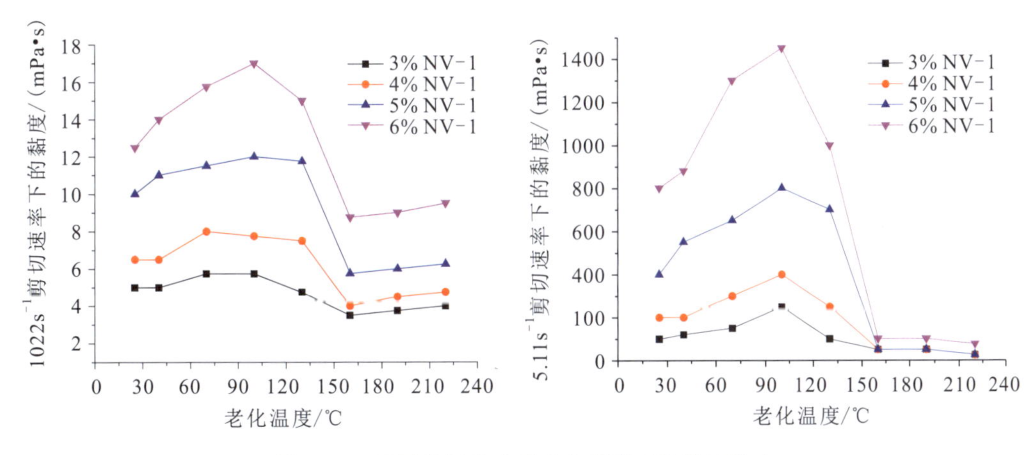

图 2-3　不同剪切速率下老化温度对黏度的影响

图 2-3 中各样品的黏度随温度变化的总体规律都呈现出黏度先升高后降低的趋势（先变稠后再变稀）：先在 100℃附近出现黏度的峰值点，随后温度升高至约 130℃时黏度开始急剧下降，至 160℃后就一直衰减在很低的黏度值域内。

高温导致膨润土泥浆性能劣化的主要原因：在 100℃范围内，高温促使了黏土颗粒的水化分散，使得一定体积内的黏土颗粒数量增加，相邻黏土颗粒间的距离减小，高温在降低液相水黏度的同时，增强了黏土颗粒间发生碰撞的强度和概率，浆液中颗粒间发生端-面结合与端-端结合引起的絮凝程度有所增强，从而表现出黏度增加。随着温度的进一步升高，黏土胶粒表面的去水化作用进一步增强，相邻黏土颗粒的静电斥力进一步下降，发生面-面结合的概率和程度增加，表现出一定程度的高温钝化。研究证实：高温前后黏土单位表面吸附量会降低，而且该钝化现象的首要因素为温度，其次为浆液中钙离子与氢氧根的含量。

由图 2-3 的亚高温段（低于 150℃极端）还发现，随黏土粉加量的增加（基础黏度值大），黏度随温度变化的剧烈程度（曲线凹凸程度）加大。显而易见，膨润土的加量也是影响钻井液高温流变性的重要因素。可以看出，膨润土加量较小时（约 4%以内），不会明显发生亚高温段的稠化（但泥浆的基本黏度却很低）；而当膨润土加量达到 6%以上时凹凸剧烈，黏度变化幅度之大，远偏离正常泥浆黏度的范围值。这时高温导致的稠化或稀释，已使泥浆无法在钻井中有效发挥作用甚至带来严重危害。黏土加量对升温黏度的影响主要是黏土微粒增多使它们相互接触的概率增加，形成相互吸附（网状结构）的程度也就愈发加大。

进一步将升温过程中的膨润土浆进行激光粒度分析（表 2-1），结果表明，平均粒径（D_{av}）在升温过程中变化明显，常温下该值最大，为 24.969μm，升温时该值急剧变小，

80℃时仅为 1.807μm，说明亚高温能明显断裂黏土片状微粒，促使黏土颗粒高度分散；随着温度的继续升高（80～220℃），平均粒径 D_{av} 始终保持在很低的水平（小于 6μm），这意味着黏土颗粒的高温分散已于 80℃达到相对终结，继续升温对黏土颗粒已无进一步碎化的作用。表 2－1 的最后一列还给出了随温度升高分散颗粒比表面积 S/V 的变化情况，也更充分地说明了高温对黏土颗粒分散的这种规律。

表 2－1　高温老化对膨润土粒径的影响

温度/℃	D_{10}/μm	D_{50}/μm	D_{90}/μm	D_3/μm	D_{97}/μm	D_{av}/μm	(S/V) / ($m^2 \cdot cm^{-3}$)
常温	1.168	2.158	73.438	0.885	109.5	24.969	0.288
80	1.037	1.716	2.684	0.795	3.342	1.807	3.985
160	1.033	1.731	3.190	0.787	3.342	5.448	1.332
220	1.030	1.748	2.991	0.779	50.753	4.713	1.528

值得继续深究的是高温分散过程中黏土颗粒水化状况的变化。中压失水量随老化温度变化的测试，有助于解释高温对黏土泥浆流变性的相关影响。将老化后的不同加量的膨润土泥浆进行失水量测试，结果表明（图 2－4），失水量随着老化温度升高先稍有降低，超过 150℃后再大幅持续升高。这说明，在一定的温度范围内，老化引起的高温分散增加了黏土颗粒的浓度，且使得其颗粒尺寸分布更趋于合理，进而使得其失水量有所下降，但在更高温度下高温聚结及高温钝化程度的增加使得失水量增大。也有资料证明膨润土具有非常有限的耐温能力，在 140℃时逸出自由水和吸附水，300℃逸出层间水，500℃失去结晶水。

另外，为了对膨润土浆的高温流变特性进行准确表征，将老化前不同加量的膨润土浆的流变参数按照宾汉模式、幂律模式、赫巴模式及卡森模式进行拟合，拟合相关系数如图 2－5 所示。结果表明，常用的 4 种流变模型均能够对膨润土悬浮液的流变模型进行表征。其中，卡森模式的拟合相关系数均在 0.99 以上，相比于其他流变模式具备最优拟合效果。以 6%加

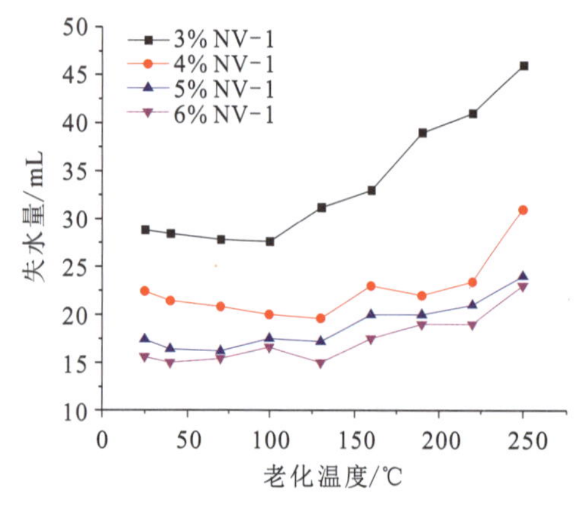

图 2－4　不同加量的膨润土浆失水量随老化温度的变化

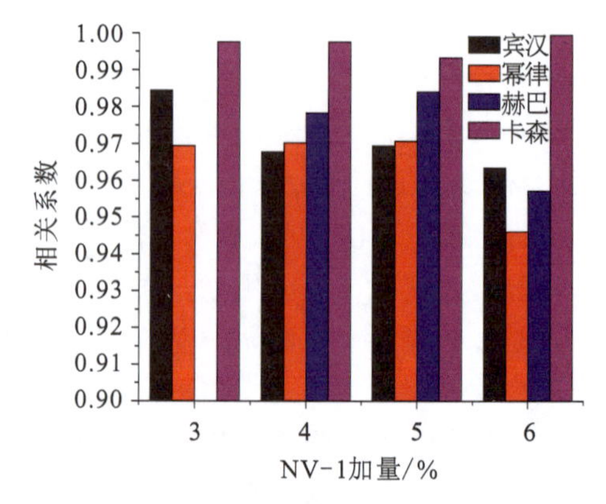

图 2－5　常温下不同加量的 NV－1 悬浮液流变模型相关系数

量的膨润土浆为例，将其经受不同温度老化后的流变参数按照卡森模式进行拟合，流变参数随老化温度的变化情况如图 2-6 所示。

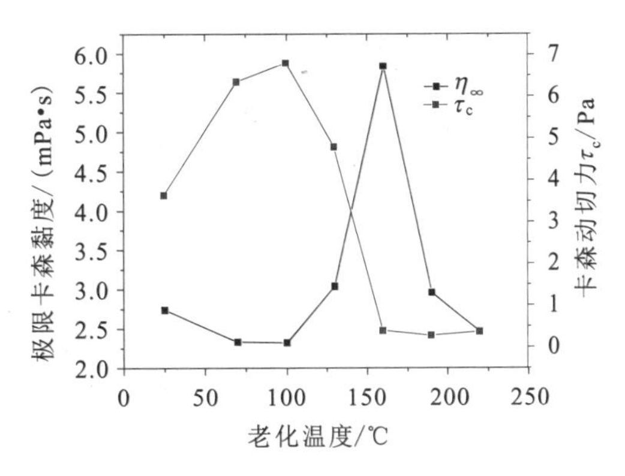

图 2-6　6%NV-1 老化前后流变参数

由图 2-6 可知，随着老化温度的升高，η_∞ 在 100℃范围内先略微降低，再急剧升高后又降低，在 160℃左右达到极大值；τ_c 则表现出在 100℃内增加，随后降低的现象，在 190℃时达到最小值，之后又略微增加。在整个测试范围内，相关系数始终保持在 0.994 以上，拟合度很高，进一步说明可以用卡森模式进行膨润土悬浮液高温老化前后流变特性的表征。

2.2　造浆黏土的抗高温复合

造浆黏土是水基钻井液（泥浆）中用量最多的原材料，是钻井液提黏、降滤失等诸多功用的一大本源。造浆黏土的性状对钻井泥浆的抗高温能力具有很大的影响，也是决定其他处理剂是否能有效发挥抗高温作用的基础。但是，一般的膨润土（蒙脱石土）在高温下极易发生晶格脱水、结构异变、削弱活性和丧失水化，造浆黏土微粒从分散状态转变为聚结状态，泥浆体系因此遭到破坏，难以在高温下应用。

膨润土泥浆的高温衰变程度以泥浆的黏度相对变化率衡量，与基浆中土粉的含量有关。土粉含量越高，衰变越严重。前述高温对膨润土泥浆性能破坏机理的分析已经揭示，为使随温度变化的基浆不发生过大黏度变化，膨润土的加量必须控制在 4%以内。但此时基浆的黏度太小（表观黏度 $\eta_A \leqslant 10$mPa・s），不能达到一般基浆的所需值（6.5%加土量时，$\eta_A \geqslant$ 12mPa・s）。

为了解决这一问题，经研究分析，考虑在膨润土 4%加量的基础上，再添加一定量的能够在高温下较为稳定的其他种类可水化黏土，来替代部分膨润土，以保持高温时泥浆的基础黏度。经对蒙脱石、高岭石、海泡石族、伊利石 4 类黏土矿物结构特性进行分析，查出海泡石族中的凹凸棒石具有这方面的特性。因此，设计选用海泡石族中的凹凸棒石黏土，作为这种部分替代的黏土矿物的选型。

凹凸棒土化学分子式为[$Si_8O_2O(Mg,Al,Fe)_5(OH)_2(OH_2)_4 \cdot 2H_2O$]，属海相沉积黏土矿物。凹凸棒石的晶格基本构造与蒙脱石的相似，也是由 2 个硅氧四面体夹 1 个铝氧八面体构成（2∶1 型），较易于分散且有一定程度的阳离子交换容量 CEC（cation exchange capacity），也能够水化而形成泥浆。但它与蒙脱石的不同之处在于，凹凸棒土的晶体形态为棒状纤维，微观结构为棒状型（区别于蒙脱石的片型），且其晶体内部具有丰富的晶道（图 2-7），自身富含大量的晶格水（属其矿物组成的一部分）。因此，凹凸棒土的机械强度较高，保水性能好，散热能力强，湿润抗脆，热稳定性比膨润土明显高，也有较强的抗盐能力。尽管凹凸棒土在常温下的造浆率约为 10m^3/t，在一定程度上低于优质膨润土的常温造

图 2-7　凹凸棒土（左）的微观结构及对比（右蒙脱土），放大 10 000 倍

浆率（$16m^3/t$）；但在高温时，它的造浆率降低幅度却明显较小，能维持较高的高温造浆率（经 200℃实验测定为不小于 $5m^3/t$），明显高于膨润土的高温造浆率（200℃时不到 $1m^3/t$）。

因此，对膨润土与凹凸棒土进行混配，旨在发挥二者各自的性能优点，使基浆既有可观的黏度又有较强的热稳定性。这就是配制松科 2 井高温钻井液的重要技术出发点之一。在两种特性土的加量比例上，由于一般泥浆正常土粉加量为 6%～8%，且经前述研究已得知 4%以下的膨润土基浆的受热波动较小，所以在 4%左右膨润土的基础上再加 4%左右的凹凸棒土，以此复配成具有显著黏性且较为稳定的抗高温基浆。于是，以膨润土与凹凸棒土加量的比例为主控因素，设计表 2-2 所示的不同配比的基浆，进行高温下的泥浆性能对比测试实验，以求最佳配比值。

表 2-2　膨润土/凹凸棒土比例对泥浆抗温能力的影响（300r/min 黏度值）

膨润土：凹凸棒土	120℃黏度/(mP·s)	150℃黏度/(mP·s)	180℃黏度/(mP·s)	200℃黏度/(mP·s)	230℃黏度/(mP·s)
2∶8	15	12	9	5	3
3∶7	20	18	12	8	4
4∶6	21	19	15	10	6
1∶1	22	20	17	11	8
6∶4	23	19	14	8	5
7∶3	25	18	10	6	3
8∶2	28	16	8	4	2

实验数据表明，当凹凸棒土和膨润土的加量都为 4%（1∶1 型）时，基浆获得各高温点下的相对最高黏度，而凹凸棒土比例过小（1∶4 型）或过大（4∶1 型）时的泥浆黏度均相对较低。尤其是在高温达 230℃时，4%（1∶1 型）的凹凸棒土基浆的黏度仍能维持在 8mPa·s。黏度降低率仅为 35%。维持 4%膨土加量，将棒土加量增加到 8%时（1∶2 型），230℃下的黏度为 9mPa·s，比 1∶1 型对应的黏度并没有明显增加，说明加量已达到饱和。因此凹凸棒土也不宜多加，控制在 4%左右为宜。

作用机理分析如下：

(1) 用适当比例 (1∶1) 将凹凸棒土和膨润土混合后，低加量的膨润土微粒之间联系减弱，不易受高温影响而发生聚结，能够提供所需约 40%的黏度；而耐高温凹凸棒土的高温成浆优势又提供了近 30%的黏度。仅此简单叠加就可获得普通基浆常温下黏度值的 70%左右，为基浆抗高温奠定了基础。

(2) 凹凸棒土微粒间隔在膨润土微粒之间，阻止了膨润土微粒的相互合并聚结，进一步提高了膨润土的高温分散稳定性。由此，既解决了次高温段的先期稠化问题，又解决了高温段的聚结问题。这个作用可称为"阻聚"(图 2-8)。

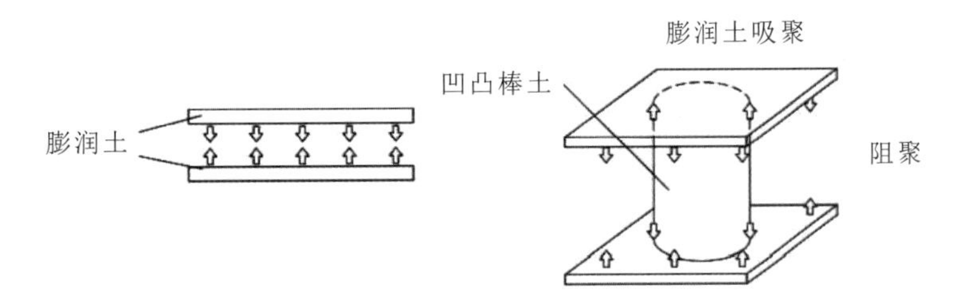

图 2-8　凹凸棒/蒙脱石复合的"阻聚"示意图

(3) 通过黏土矿物中共同的离子元素搭接吸附，凹凸棒土可兼作为高温下较为稳定的骨架材料，支撑补强了片状膨润土，使之片状结构不易在高温下遭到破坏断裂。这个作用可称为"补强"(图 2-9)。

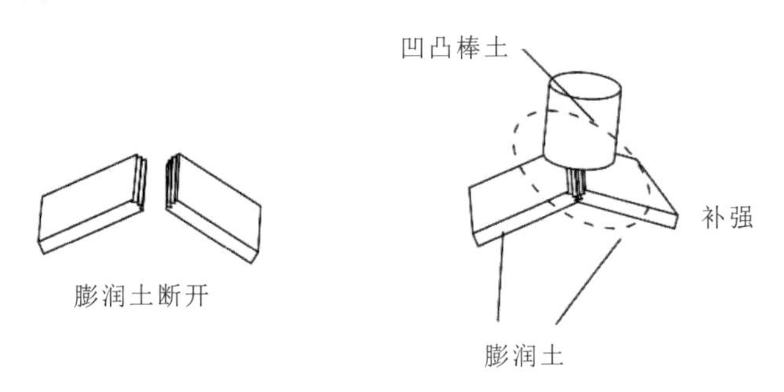

图 2-9　凹凸棒/蒙脱石复合的"补强"示意图

(4) 利用片形膨润土的网状结构产生"遮挡"效应，限制了水分子的"逃逸"，也给水化相对较弱的凹凸棒土微粒提供了更多的吸附水分子的机会，从而提高了两种土的水化造浆率。这个作用可称为"保水"。

(5) 凹凸棒土与膨润土的水化分散粒度处于相同数量级（均在微米级），要达到上述作用，它们的加量比例要近似，否则作用饱和后的任何一方多余物都不再能发挥或有效发挥上述各项作用。

图 2-10 是用扫描电镜对凹凸棒/膨润复合土和单纯膨润土经高温老化后的微观结构的测试结果。

从微观结构上可以看出，抗超高温复合土泥浆高温老化后绒粒仍保持，分布较均匀，反映水化分散依然较明显；而普通膨润土泥浆高温老化后已完全蜕变为密结的光滑薄垢片网，

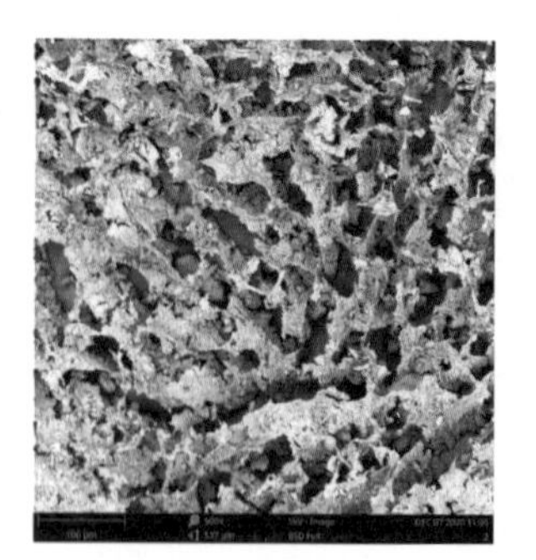

a. 抗超高温复合土泥浆高温老化后

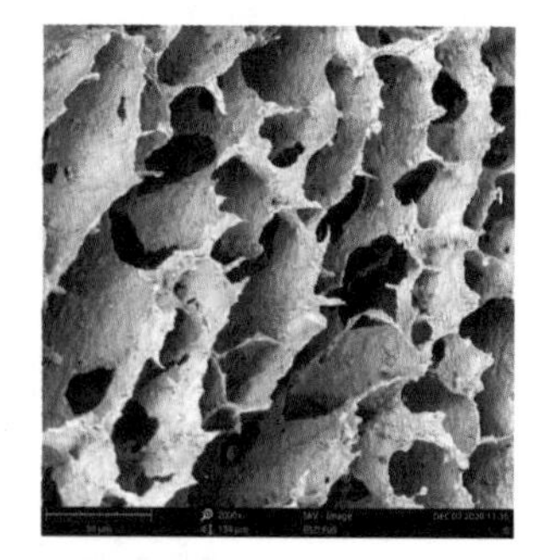

b. 普通膨润土泥浆高温老化后

图 2－10 泥浆样品高温老化后的微观形态对比

反映为脱水聚结后的水土离析。

重要结论：凹凸棒土和膨润土以各 4%（1∶1）的加量所构成的基础泥浆，能够发挥组合互补作用，具有突出的耐高温特性，既可解决单纯膨土无法耐受超高温的问题，也可解决单纯棒土造浆效能低和成本高的问题。此创新技术为配制松科 2 井超高温钻井液提供了重要的基础条件。

2.3 耐高温增黏稳定剂的研配

水基钻井液体系的耐温能力不仅与处理剂单剂的耐温能力有关，还受到黏土与处理剂分子间作用的影响。传统聚合物处理剂分子以链状结构为主，柔性较强，且分子链运动具有单元多重性、松弛性和温度依赖性。尽管多数钻井液处理剂的聚合物分子采取了耐温设计，但是超高温对聚合物分子链状结构的破坏仍然存在。

在聚集态结构时，聚合物分子链的空间缠绕程度高，刚性大，局部抗应变强，温度对结构影响较小。超支化树形结构的本质就是一种特殊的聚集态结构，其主、枝干结构刚性强，支链结构上的基团间相互影响，进而增强了分子的高温稳定性；即使分子链结构遭受破坏，次生基团仍能维持有效基团数量，从而保证处理剂的良好吸附和水化性能。分子量足够高时，高度支化聚合物分子形状呈球形，分子表面密布着大量具有反应活性的末端基团，增强了功能基团的空间结构，改善了与黏土粒子间的吸附方式，提高了自身及由其配制的钻井液的耐温性。

聚合物微球与高度支化聚合物分子具有相似的空间形貌，具有规整度高、单分散性强、比表面积大、流体力学体积小等特点。对常规耐温聚合物分子的柔性链结构进行球型化处理以制备规整的体型聚合物微球，不但可以增强分子结构的刚性，提高聚合物材料的耐温性，还可以增加活性基团分布数量，改善聚合物分子与黏土粒子间的作用。这为耐高温稳定剂的研配提供了新的思路。

它的作用原理简述为：①球状高分子柔性搭接，提高原有钻井液中材料的稳定性，增强悬浮稳定性；②介观流体（半刚性微粒）的黏度特性。结合以上两个特性，实现黏度、润滑、滤失等性能的综合控制（图 2－11）。

采用功能单体丙烯酰胺（AM）和丙烯酸（AA）作为合成聚合物微球的主要单体，

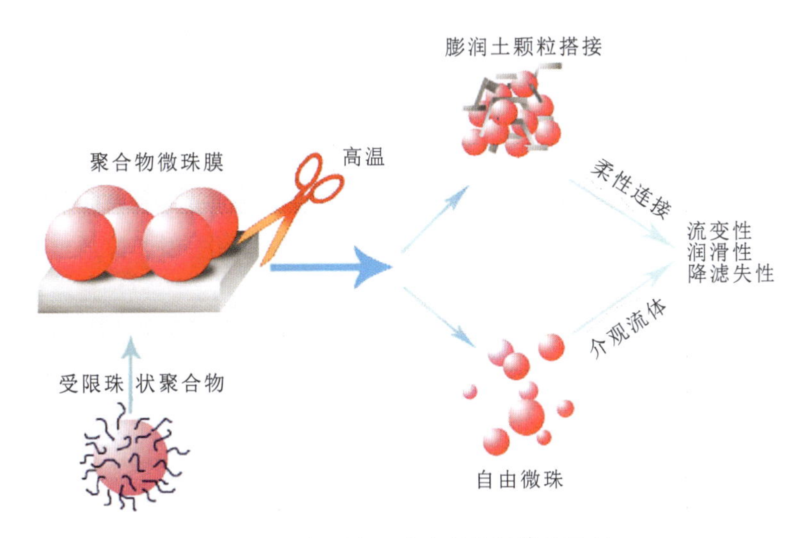

图 2－11　新型高温稳定剂作用设计原理

2－丙烯酰胺基－2－甲基丙磺酸（AMPS）和 N，N－二甲基丙烯酰胺（DMAM）作为功能化单体，并引入其他功能化单体，如含刚性基团单体苯乙烯（ST）和 N－丙烯酰吗啉（ACMO）、疏水缔合单体丙烯酸十二烷基酯（DA），引发剂采用 $(NH_4)_2S_2O_8$/$(NH_4)_2S_2O_3$，采用反相乳液聚合的方式完成了新型高温稳定剂（MG－H_2）的研发。

2.3.1　结构与表征

MG－H2 属于油包水型乳液，成分比较复杂，形态比较特殊。由其傅里叶红外光谱分析（图 2－12）结果可以看出，波数 3 426.85cm^{-1}处的吸收峰归属—NH_2 中 N—H 的伸缩振动；2 924.85cm^{-1}和 2 8154.23cm^{-1}处的吸收峰归属—CH_2—与—CH_3 的特征吸收峰；2 185.21cm^{-1}处的吸收峰为 AMPS 中的 C═C；1 666.20cm^{-1}处的吸收峰属于酰胺基中的羰

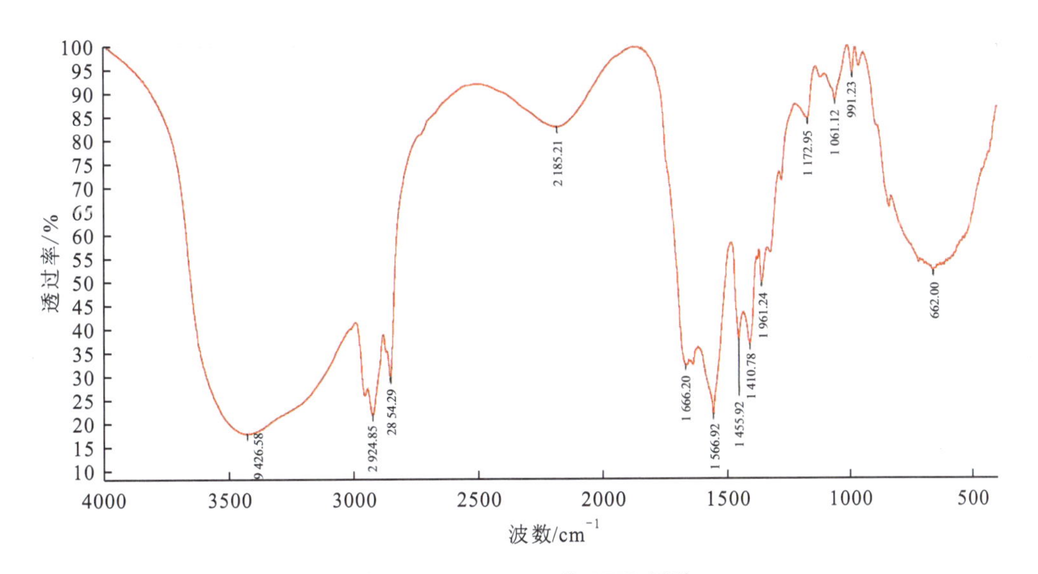

图 2－12　MG－H_2 的 FTIR 图谱

基（C═O）的伸缩振动；1 556.96cm^{-1}为氨基吸收峰；1 455.62cm^{-1}处的吸收峰归属—C—H_2—中—CH 键的弯曲振动；1 410.76cm^{-1}为甲基亚甲基，1 172.85cm^{-1}和1 061.12cm^{-1}处的吸收峰归属—SO_3^- 中 S—O 键的伸缩振动；662.0cm^{-1}为单体取代苯环的吸收峰。FTIR 图谱表明，该聚合物中含有分子结构设计中各种单体的功能基团，为聚合产物。

激光粒度分析结果表明，聚合物颗粒的尺寸主要集中分布在 200～700nm 之间，扫描电镜结果观察到颗粒为球状（图 2-13）。

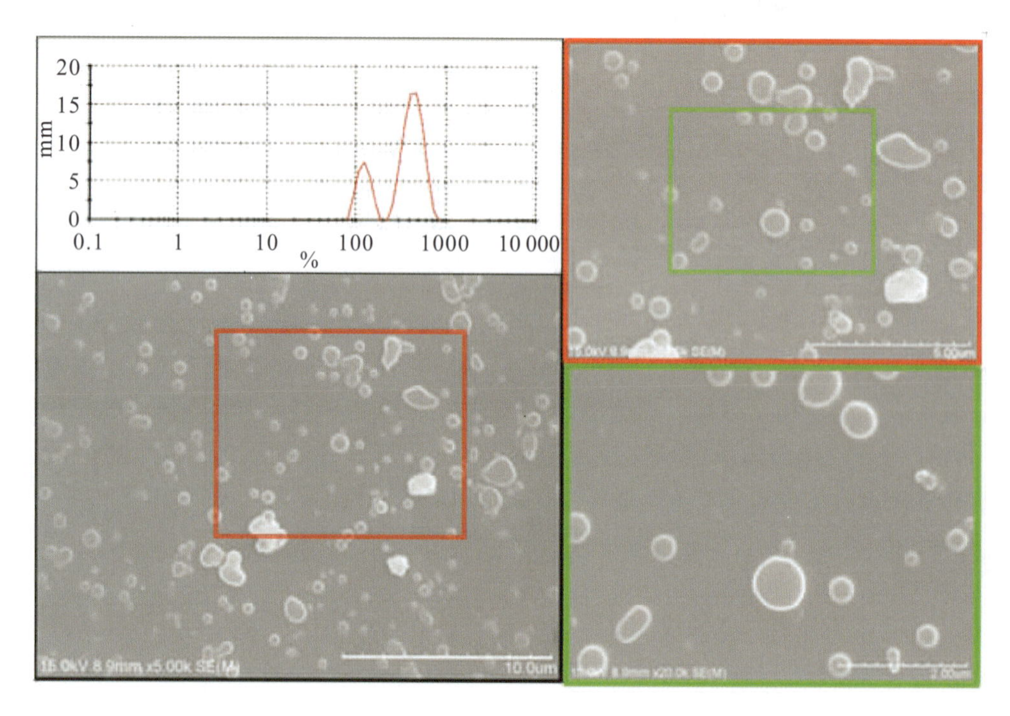

图 2-13 扫描电镜/马尔文激光粒度分析结果

为了进一步探明合成的处理剂 MG-H_2 的形貌，使用透射电镜进行观察分析（图 2-14）。外观表现为球状及近球状颗粒，并且球状颗粒表面有很多支链，在球与球之间互相连接。图中球形颗粒粒径分布在 200～700nm 之间，表明所合成的处理剂 MG-H_2 的外观和形貌符合预期设想。

2.3.2 高温稳定剂的性能评价

为验证 MG-H_2 加入后对钻井液抗温性能的提升效果，按照 4%钻井级膨润土+5% Na_2CO_3+2%样品+5%SPNH+3%SMC 的配比制备钻井液样品，对比加入 MG-H_2 后的性能参数，老化条件为 220℃×16h，高温高压滤失量测试条件为 180℃×30min，结果如表 2-3所示。

基浆在老化后黏度明显增加，高温高压失水量极大，pH 值降低，意味着原黏土结构未保持稳定，部分处理剂发生了高温减效甚至失效；而 MG-H_2 的加入，使得老化前后浆液的黏度保持相对稳定，失水量增加幅度也有限，说明维持了黏土结构，提高了胶体稳定性，并且对其他处理剂有协同增效的作用，提高了钻井液的整体抗温性能。

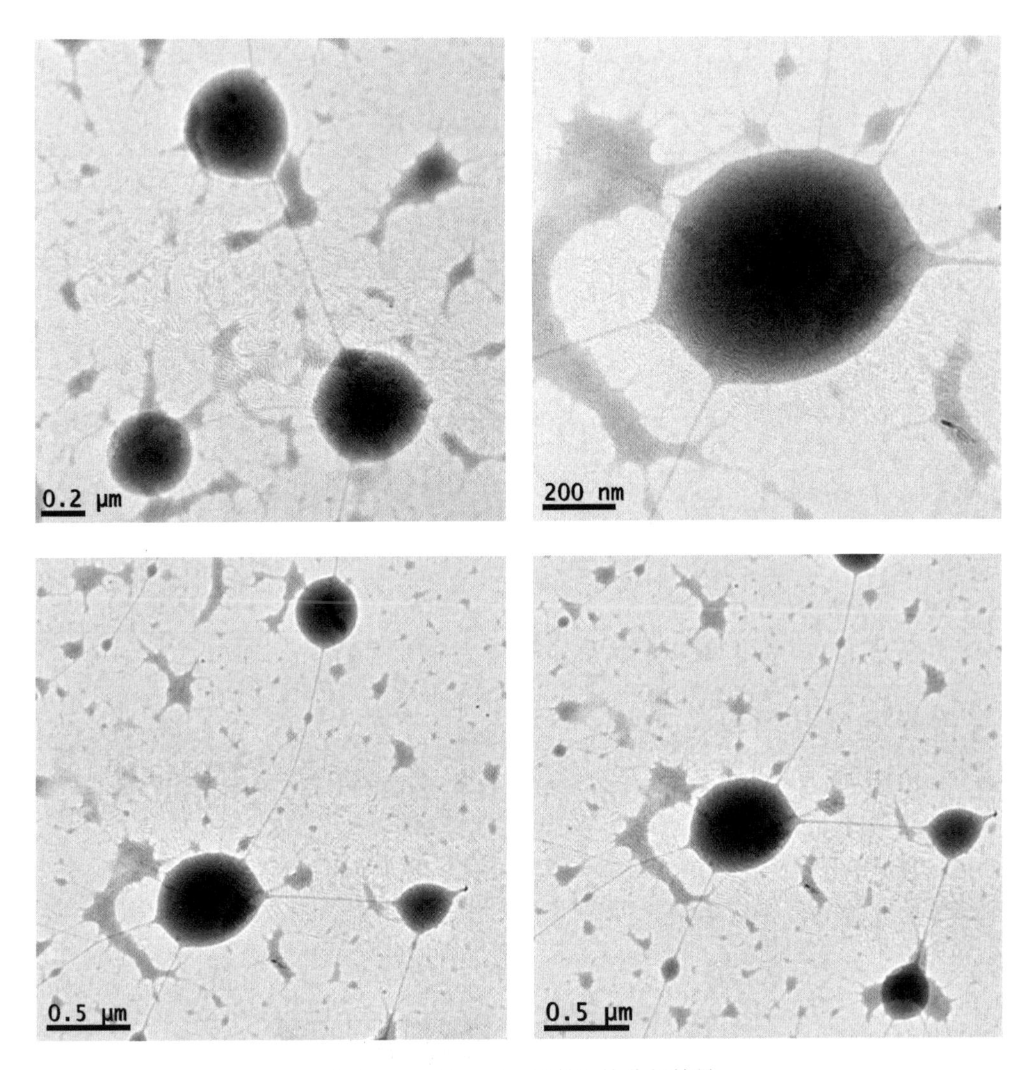

图 2－14　MG－H_2 透射电镜分析结果

为进一步验证该处理剂的效能，对比了市场上的几种高温稳定剂，配制 4％NV－1＋0.1％NaOH＋3％高温稳定剂＋4％NaCl，180℃条件下老化 16h，结果如表 2－4 所示。

表 2－3　加入 MG－H_2 前后钻井液性能对比

配方	条件	AV/（mPa·s）	PV/（mPa·s）	YP/Pa	FL_{API}/mL	FL_{HTHP}/mL	pH
基浆	热滚前	22	14	8	4		9
	热滚后	35	20	15	15	＞60	8
基浆＋2％MG－H_2	热滚前	30	15	15	3		9
	热滚后	33	19	14	6	20	9

结果表明，在同等条件下，其余 3 种浆液的动塑比过高，宏观上表现为浆液流型差，呈

现“絮凝”状态，而 $MG-H_2$ 的浆液则流动状态正常，流型合适；此外，$MG-H_2$ 具有更低的滤失量，也即具有更高的稳定钻井液性能的能力。

表 2-4 高温稳定剂对比

处理剂	条件	AV/（mPa·s）	PV/（mPa·s）	YP/Pa	FL_{API}/mL
GW-1	滚前	45.5	16	29.5	75
	滚后	28.5	2	26.5	
GW-2	滚前	55	25	30	64.5
	滚后	53	21	32	
GW-3	滚前	16.5	3	13.5	>100
	滚后	11.5	1	10.5	
$MG-H_2$	滚前	50	6	44	52
	滚后	25.5	20	5.5	

2.3.3 高温稳定剂的作用机理

聚合物微球 $MG-H_2$ 主要包括中心交联核、亲水占据球状区和疏水扩展冠状区，其中交联核是分子结构保持高温稳定的关键；亲水和疏水球状区为冠状区的亲水或疏水基团连接提供载体，是分子功能化的关键。聚合物微球可以作为流型调节剂和高温稳定剂，进入膨润土插层搭接的空间结构内，降低膨润土粒子的刚性搭接程度，减弱温度变化对钻井液性能的影响，从而维持钻井液在超高温环境条件下的流变性。原理示意如图 2-15 所示。

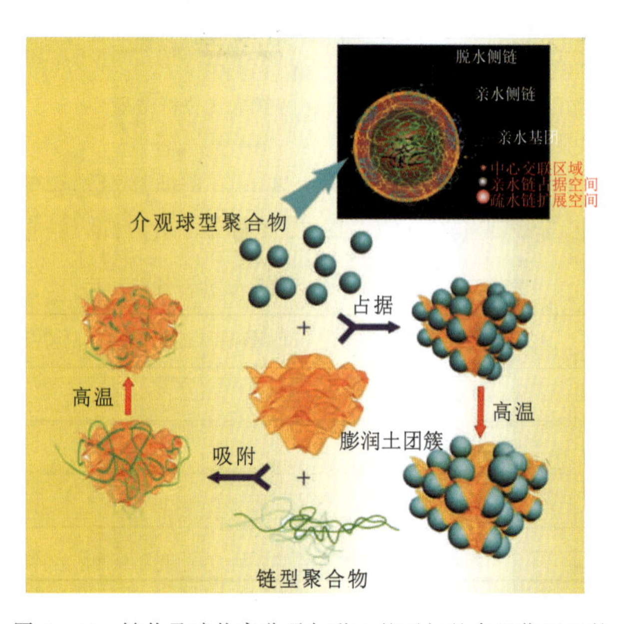

图 2-15 链状及球状高分子与黏土粒子间的高温作用比较

与传统链状聚合物添加剂相比，经形貌化处理的介观球型聚合物添加剂在钻井液多相流中具有 3 种特性（图 2－15）：①添加剂分子结构的刚性增大，耐温性和抗剪切性增强；②添加剂微球粒子间摩擦和搭接增强流体结构黏度；③占据层状膨润土颗粒的搭接空间，避免由端-端或端-面搭接的空间结构速递增强。在高温下，具有多维规整性的球状体型聚合物粒子具有表面活性高、耐温性强，能改善功能化聚合物处理剂与黏土粒子间的相互作用；此外，在钻井液流体中聚合物球型粒子展示了特殊的流体力学性质，因此，可有效降低钻井液体系的温度敏感性，达到高温稳流特性。

2.4　高温降稠化的技术措施

影响泥浆黏度的因素大致包括几个方面：固相的含量及其分散状态、固相颗粒之间以及固相与液相之间的作用力、基液黏度及其他液相的含量、外在的温度与压力等。就实际钻井工程而言，钻井液增稠主要是由于钻屑侵入与分散、胶液补充量不足或增黏型处理剂加量过多、处理剂之间或处理剂与钻屑之间的网状结构增强等。尤其是在高温环境下，钻井液有发生增稠甚至胶凝的风险，特别是钻遇高压地层、大段泥页岩地层、盐膏泥混合地层时，高固相、地层造浆、电解质污染等导致钻井液流变性恶化，调控难度加大。钻井液的过度增稠有可能造成多种复杂情况，如开泵困难、激动压力过大、降低钻速、压漏地层、增加摩阻以及发生卡钻等。

2.4.1　高温增稠原因的深度分析

黏土的高温分散。泥浆经高温作用后，黏度增加的现象称为高温增稠，其原因比较复杂，排除处理剂等外加剂因高温变性而引起的增稠现象外，其主要原因在于高温环境下，黏土粒子的分散度、浓度增加，表现为塑性黏度、表观黏度以及屈服值、静切力等相应增加。因此，凡是影响高温分散的因素必然相同地影响泥浆高温增稠。此外，泥浆中黏土含量的多少对由高温分散所造成的泥浆高温增稠程度有重大影响，也即泥浆高温增稠的程度受到黏土高温分散作用以及黏土含量的双重影响。

当黏土粒子发生高温分散的同时，其含量大到了一定的数值，致使高度分散的为数众多的片状黏土粒子在高温去水化作用下形成凝胶，虽经高速搅拌但无法恢复其流动性，该现象称为高温胶凝。它是高温增稠在土量大到一定数值后的必然结果。因此，凡是发生高温分散的黏土，当土量增大到一定值后，终将发生高温凝胶，只是因土的种类、处理剂效能、温度等条件不同而发生高温胶凝所需黏土的最低含量不同而已。显然，黏土量低于此值时，只能发生高温增稠，不能发生胶凝；高于此值时则发生高温胶凝。凡是这种高温胶凝的泥浆，用常规的稀释剂如 NaT、FCLS、NaC、SMT、SMC 等，非但不能降低其黏度与切力，反而会更进一步促使其丧失流动性，唯有使用钙离子等抑制剂降低泥浆的分散程度或加水稀释降低其粒子浓度后，才能有效降低其黏度。高温胶凝使得泥浆丧失流动性能，也使得泥浆丧失了热稳定性，所以抗高温泥浆必须首先解决高温胶凝或严重高温增稠的问题。为此，必须把泥浆中的黏土含量严格控制在一定的范围内，从根本上减弱或消除产生高温胶凝的原因。

钻井液高温增稠的另一种原因是处理剂发生了高温交联（图 2－16）。处理剂分子中含有多种活性基团和不饱和键，在高温作用下，分子自身、分子之间均有可能发生反应，相互联结，从而导致黏度升高，特点与高温降解作用相反。而对于高温交联所引起的增稠，一般认为增大了钻井液体系的滤液黏度，增强了对黏土粒子的护胶能力，抵消了因高温降解引起的黏度下降，可通过有意识地控制交联程度，从而实现高温改善钻井液性能的目的。钻井液高温交联的影响因素主要包括处理剂种类及加量、矿化度、pH 值、交联剂、温度等，其中，矿化度的影响较突出。

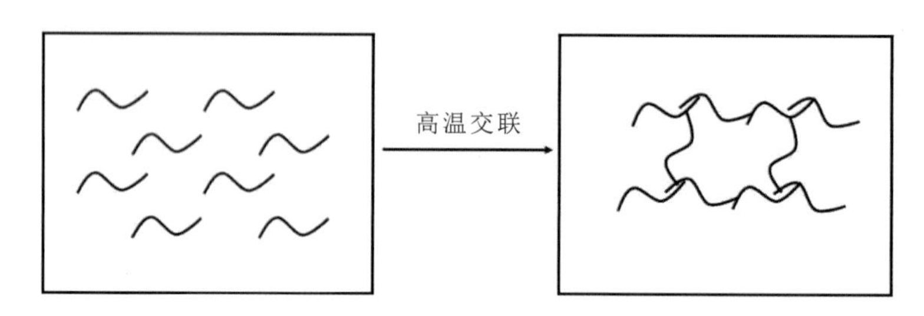

图 2-16　处理剂高温交联示意图

为此，在进行抗高温钻井液设计时，应充分考虑过度交联产生的风险，包括：①少用甚至不用易产生交联的处理剂，包括 SMC、SMP、SPNH 及其衍生物；②就影响交联的各项因素进行控制；③勤做试验，就不同老化温度、老化时间条件下钻井液的综合性能变化情况判断交联发生的风险。

2.4.2　降黏措施

明确了泥浆高温增稠的原因后，可通过加强固相控制、加水稀释以及添加降黏剂等方式降低钻井液黏度。

通过地面上的各项固相控制设备，如振动筛、除砂器、除泥器、离心机等，将钻井液中的固相（尤其是具有造浆能力的活性钻屑）加以清除，防止钻屑进一步分散而增加黏土颗粒浓度，从而防止黏度进一步上涨，此时应考虑固相控制的处理能力能否满足需求以及加重材料的回收效率等。加水稀释后，泥浆中的黏土颗粒浓度下降，有助于减缓高温增稠的趋势。但是，此时黏土粒子的总数量并未减少，稀释造成了泥浆量的增加以及其他性能参数的波动，此时，为保持泥浆性能稳定，不得不额外补充各类处理剂、加重材料等，这又势必造成使用成本大幅增加。

降黏剂是钻井过程中不可缺少的钻井液处理剂，它可以起到降低钻井液黏度、调节钻井液流变性等作用。当固控设备处理能力满足不了要求、稀释造成成本过高等问题发生时，添加降黏剂即具有不可替代的优越性。

降黏剂大致分为天然降黏剂（包括对天然处理剂进行简单的物理化学改性）、天然处理剂接枝物降黏剂、人工合成聚合物降黏剂、无机降黏剂 4 类。早在 20 世纪 30 年代，钻井中开始使用脱水磷酸盐降黏剂，随后开发了单宁和木质素磺酸盐类降黏剂。其中，FCLS 易起泡，且含有对环境有害的高价铬离子，需配合大量的消泡剂和烧碱方能充分发挥其作用，目前已被限制使用。尤其是自 20 世纪 70 年代以来，国内外对聚合物降黏剂进行了广泛而又深入的研究，主要包括丙烯酸与羟丙基丙烯酸树脂共聚物、抗高温高压聚合物解絮凝剂、丙烯酰胺—甲基丙烷磷酸盐共聚物、两性离子降黏剂等。

2.4.3　降黏剂的作用机理

钻井液增稠的主要原因大致可以归纳为两个：一个是钻屑的侵入并分散，引起固相含量的增加，导致体系黏度增加，这种情况无法用降黏剂来调整黏度，只能通过调整固相含量或加水的办法来解决；另一个是体系内网状结构的形成。钻井液中黏土矿物的晶片边缘由于破碎作用而产生一些“断键”，这些部位都具有一定的“活性”，使黏土颗粒平面带负电、端面带正电，它们之间互相接触，在黏土颗粒之间形成边-边、边-面相联的空间网状结构。原理示意如图 2-17 所示。

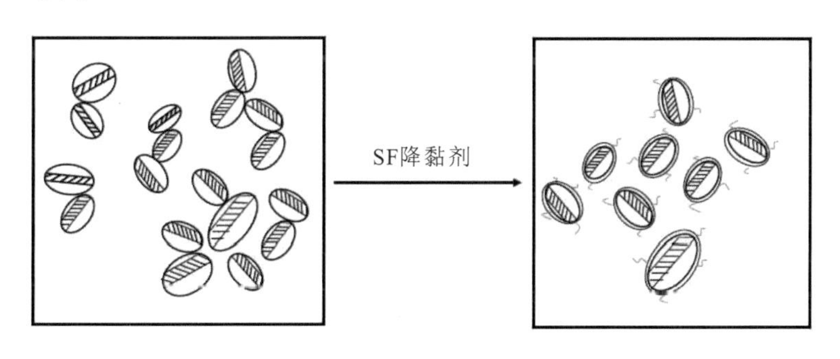

图 2-17　降黏剂作用原理示意图

降黏剂的降黏机理是集中在保护黏土颗粒边缘的这些“活性点”，增强该处的负电效应，使体系无法形成网架结构；对已形成的网架结构，也因吸附降黏剂而在运动中被拆散。关于黏土颗粒对降黏剂的吸附，一般有两种推测：一种是以聚磷酸盐为代表的降黏剂（如六偏磷酸钠、三聚磷酸钠、焦磷酸钠等），它们电离后，这些盐的大量负离子吸附于黏土颗粒边缘铝的位置上，从而形成负电保护；另一种是以栲胶、单宁和铁铬木质素磺酸盐为代表，含有多个苯羟基或苯氧基，它们可与黏土颗粒边缘的铝原子在断键的位置上产生配位吸附，这种降黏机理可称为负电保护黏土边缘作用，这类降黏作用都不可避免地会产生分散黏土的效果，故这类降黏剂又可称为分散剂。

对于降黏剂中阳离子的水化能力来说，一价离子大于二价离子，二价离子大于三价离子，吸附能力则正好相反。当降黏剂加入泥浆以后，由于一价离子（除 H^+ 外）吸附能力弱，进入胶团的吸附层离子数较少，整个胶粒呈现的电荷较多。又因为一价离子的水化能力较强，使胶团的扩散层增大，水化膜加厚，促使系统 ζ 电位增加，泥浆流动性增强。此外，降黏剂的阴离子能与黏土颗粒上的有害离子（如 Ca^{2+}、Mg^{2+}）作用生成难溶盐或稳定的络合物，并能促进 K^+ 的交换作用，改善泥浆流动性。

2.4.4　降黏剂分子结构设计

从钻井液降黏剂的作用机理出发，研发抗高温、抗盐优良的钻井液新型降黏剂的分子结构应具备以下条件。

（1）分子链应具有较高的负电荷密度，同时还应具备一定的分子量，以保证在黏土的颗粒表面和断键边缘形成多点吸附，增加吸附强度，为黏土颗粒表面和断键边缘带来高的负电荷密度，阻止网架结构的形成。另外，高的负电荷密度产生的静电力使分子伸展，使起作用的基团充分暴露，较柔顺的分子链更容易产生氢键或螯合作用。

（2）具有高温稳定性。分子链的主链应由—C—C—、—C—N—、—C—S—和—C═C— 等价键（基团）组成，或者在侧基上有较大的基团，提高抗高温能力。

（3）具有抗高温、抗盐能力，分子中含有—SO_3^{2-} 和—COO—基团。分子侧链上引入亲水能力较强的—SO_3^{2-}，因为磺酸基团对盐不敏感，因此具有良好的抗温、抗盐能力，尤其是抗高价金属离子的能力。而—COO—基团对 Ba^{2+}、Ca^{2+}、Mg^{2+}、Fe^{3+}、Cu^{2+} 等离子具有较强的螯合能力，可以达到黏土分散的目的。

（4）具有合适的分子量。分子量过小不能形成多点吸附，分子量过大会引起钻井液的稠化，一般在 1000～50 000 之间。

（5）含有适量的阳离子基团。能与负电性的黏土粒子发生正、负电荷的静电吸附，具有一定的抑制性，以降低黏土的进一步分散。

按照国际健康—安全—环保标准和发展趋势，研制新型无毒无污染的绿色、优质、高效且成本可控的钻井液降黏剂成为一个新的方向。其中，有机硅氟降黏剂适用于抗高温钻井液体系，它以聚甲基氟硅氧烷为主要处理剂，化学结构式为

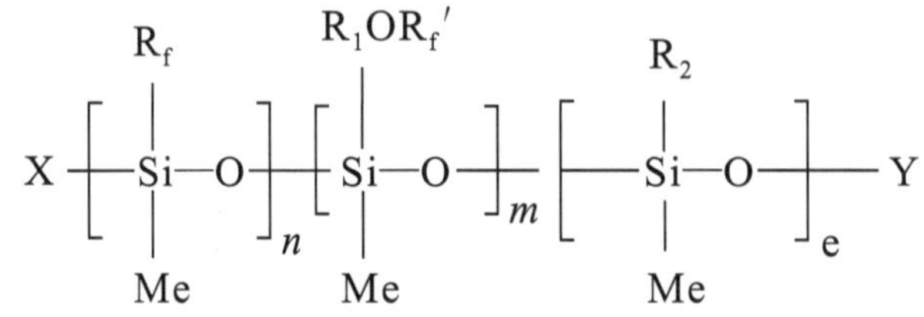

其中，R_f，R_f'为含氟基团，如—CF_3、—$C_2H_4F_3$ 等；R_1、R_2 为饱和烷基；X、Y 为高分子链端基。

SF 降黏剂为线性分子，主链由硅氧构成，含氟基团和其他有机基团均为大分子的侧基，Si—O 键能高，热稳定性好。

它的降黏机理为：SF 分子中的≡Si—O—Si≡键，使黏土颗粒表面吸附一层—CH_3，憎水基团—CH_3 向外，使亲水表面反转，产生憎水的毛细作用，从而有效防止泥页岩膨胀，改善泥饼的摩擦阻力；同时，降低黏土之间的相互作用，使钻井液的黏度降低，对钻井液产生良好的稀释作用。侧链上的非极性—CH_3 定向向外，低的表面张力活跃在钻井液体系中，有效地阻止和破坏了钻井液中的溶胶化，使体系保持稳定的黏度。

就配方设计而言，选择合乎要求的降黏剂以应对钻井液可能发生的高温增稠具有一定的前瞻性意义。参照《水基钻井液用降粘剂评价程序》（SY/T 5243—1991）配制基浆：10% NV-1＋15%评价土＋0.1%NaOH＋1.5%降黏剂，盐水配方中 NaCl 加量为 4%，收集不同厂家的硅氟降黏剂，对比其高温老化前后的测试结果，见表 2-5。

由表 2-5 可知，淡水环境下，高温老化前 Def-A、Def-B、Def-C 均能起到良好的降黏作用，其中 Def-C 老化后失效严重；盐水环境下，无论是老化前还是老化后，3 种降黏剂的降黏效果均有限。总体而言，Def-A 降黏剂效果最优。

表 2-5　降黏剂测试数据

配方	状态	$\phi600/\phi300$	$\phi200/\phi100$	$\phi6/\phi3$
基浆淡水	老化前	62/50	46/40	32/31
	老化后	胶凝		
基浆盐水	老化前	39/30	26/22	18/17
	老化后	43/37	32/28	19/18
Def - A 淡水	老化前	33/23	18/14	6/5
	老化后	34/20	13/8	2/1
Def - A 盐水	老化前	41/34	31/28	22/21
	老化后	35/31	29/26	19/18
Def - B 淡水	老化前	28/19	15/10	3/2
	老化后	56/32	23/10	6/5
Def - B 盐水	老化前	38/51	30/26	19/18
	老化后	41/38	36/32	24/23
Def - C 淡水	老化前	32/21	15/10	2/1
	老化后	胶凝		
Def - C 盐水	老化前	41/32	29/25	19/18
	老化后	44/37	31/28	21/20

第 3 章　高温降滤失/抑制与封堵技术

3.1　钻井液高温失水分析

减小泥浆失水量是改善和控制钻井液性能的又一项基本且重要的考量指标。从总体上看，高温对泥浆失水量的影响是负面的，即随着温度升高，失水量增大。图 3－1 是一些钻井泥浆的失水量随着温度增加而增大的变化趋势。考察图中失水量的变化强度，还可以进一步看出：温度越高，一些泥浆失水量的增幅也越大。这更加说明高温对钻井液失水的严重影响。

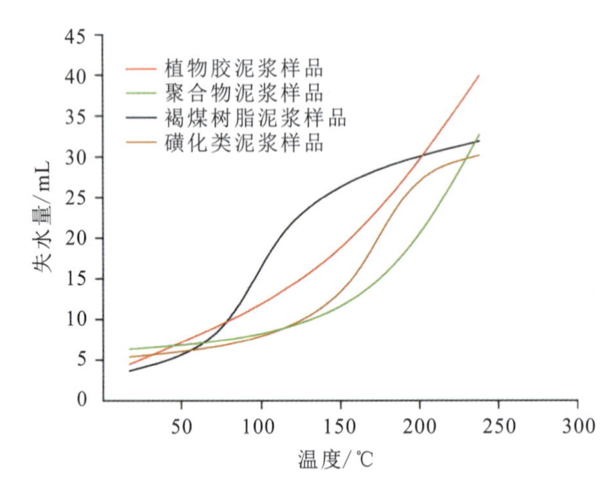

图 3－1　不同泥浆样品的失水量与温度关系示意图

钻井泥浆的失水量受温度影响的机理相当复杂，由较多方面的因素决定。例如高温激发水分子的活动能加大，脱离黏土吸附的自由水数量相对增多，而造成失水量增加等。但是从各影响因子的权重分析，主要影响来自造浆黏土的高温增大失水和降滤失剂的高温衰变两个方面。

3.1.1　造浆黏土的高温失水

造浆黏土是钻井液降失水的主体材料。以特有的阳离子交换容量 CEC（由黏土矿物的同晶置换形成）为“活性”内因，充分水化分散的黏土微粒骨架相互搭接，网状附着在井壁上，微粒骨架周边吸附的直接水化膜和间接水化膜（由降失水剂促成）填塞了网状毛细孔隙，由此形成密闭的泥饼膜来阻隔液体透过井壁向地层中的渗滤。这是钻井泥浆降失水的原理。

但是，在高温下膨润土的降失水能力会急剧下降。其中一个本质原因是黏土的阳离子交换容量对环境温度比较敏感（高温会使同晶置换程度衰减），CEC 在高温下会明显减少。有数据表明，钙基蒙脱石和钠基蒙脱石在105℃时的CEC均为95mmol/100g，而随着温度继续升高，它们的CEC不断降低。其中，钙基蒙脱石在300～390℃时的CEC降至6.1mmol/100g左右，钠基蒙脱石在390～490℃时的CEC降至39mmol/100g左右，导致其丧失或基本丧失黏土微粒的负电性。由此，一方面黏土微粒因相互斥力降低而相互聚结，分散度降低，分散体系由微小量多变成粗大稀疏，吸附水化的比表面积急剧减小；另一方面原本被黏土颗粒吸附的众多阳离子水化基团脱离黏土颗粒，大量的吸附水转变成了自由水。负电“活性”的丧失导致吸附性、膨胀性、水化性和分散性能变差。因此使原本致密防渗的泥饼蜕变成疏松透水的“砂饼”，失水量就会急剧增大。

高温能量也对泥饼网状骨架的联结有较强的拆斥作用，使黏土微粒间的端-端吸附搭接遭到击断从而破坏泥饼骨架结构，导致保水网格崩溃。其结果是使原先细织致密的隔水膜衰变为漏洞百出的蜂窝状体，无法再抵御渗流失水。普通钻井泥浆在常温下和高温下的泥饼放大形貌由图3-2可以对比说明。

图3-2　普通钻井泥浆在常温（左）和高温（右）下的泥饼放大形貌对比

为了保证泥饼在高温下的质量，要求黏土粒子在高温下能够得到有效保护，防止其发生高温分散、高温聚结等问题，确保泥浆中亚微米黏土粒子保持在合适的比例和级配。这也就要求所选用的降滤失剂能够在较宽的温度范围内在黏土粒子表面形成强力吸附，增厚其水化膜厚度并提高其电动电位，从而保证泥饼具备良好的致密性和可压缩性，有效地对高温下的滤失量加以控制。当然，有的处理剂本身就可很好地分散于泥浆之中，在高温下有较好的变形能力，能很好地堵塞泥饼孔道，从而降低滤失量。

与高温流变性（见第2章2.2节）所述的相关原理联系起来，耐高温的凹凸棒土在高温降失水性能上也具有相对优势。这主要得益于凹凸棒土的稳定保水的多晶道棒状结构，且能够加强膨润土微粒网架的高温稳固性。将膨润土与凹凸棒土复配使用，有机互补，前者在后者的保护下，高温失水量能够得到有效遏制，从而协同发挥二者各自的优势，这不仅提高了钻井液的流变稳定性，同时也提高了钻井液的高温降失水能力。因此，前述的1∶1凹凸棒石/蒙脱石复合土技术也用来作为高温降滤失的造浆土复配技术。

3.1.2　降滤失剂的高温衰变

降滤失剂在高温下的衰变是泥浆失水量增大的又一主要原因。一定分子量的水溶性降滤失剂分子以多点吸附在黏土颗粒表面，使黏土颗粒间接吸附的水化膜大大增厚而更显著地降低失水量。但是，在高温下降滤失剂分子会发生热断链（降解），与黏土颗粒之间的吸附减弱，使黏土颗粒间接吸附的水分子减少、水化膜变薄，从而导致失水量增加。

图 3-3 是对 4 种降滤失剂聚合物泥浆所做的温度影响失水量的实验结果。从中可以反映出，不同降滤失剂配方的泥浆在高温老化后的失水量比常温时（老化前）都有明显增加。为有助于分析，特将对应的表观黏度也列出（图 3-4）。可以看到，老化后的表观黏度都比老化前减小。

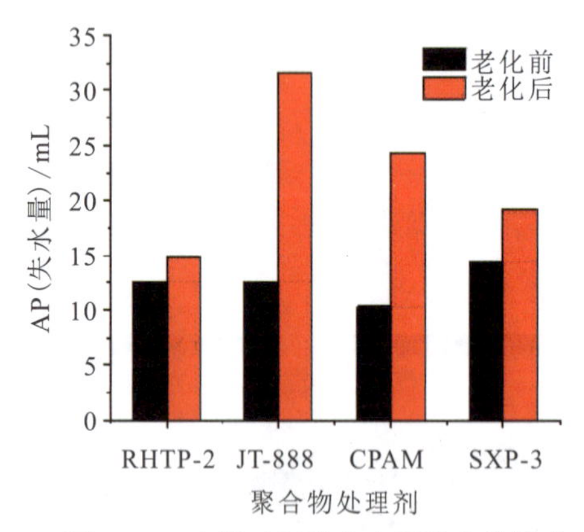

图 3-3 高温对泥浆失水量的总体影响

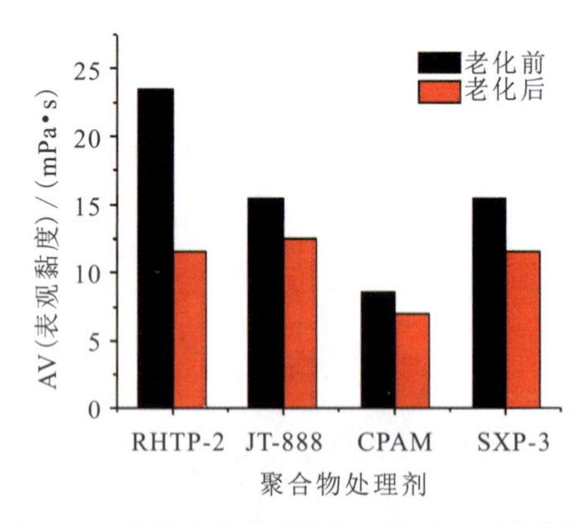

图 3-4 高温老化对不同聚合物处理剂性能的影响

为进一步分析温度对降滤失剂性能的影响，以 4%NV-1+1.2%RHTP-2 的配比进行不同温度下的老化试验，试验结果见表 3-1。由该表可知，随着老化温度的升高，配方浆黏度持续下降，中压失水量持续增加且失水量的增幅也不断增大，首先说明高温导致降滤失剂严重失效的规律。

表 3-1 老化温度对聚合物降失水剂性能的影响

温度/℃	AV/（mPa·s）	PV/（mPa·s）	YP/Pa	FL_{API}/mL
常温	86	48	38	6.0
170	54	36	18	7.6
200	45	41	4	14.4
230	26	23	3	19.0

其次，该实验不仅以泥浆的高温失水量为考证指标，而且测出相应温度时的泥浆黏度值。从中可以看到，泥浆黏度下降是与失水量增加同步的，因而可以推测：由于降滤失剂聚合物的分子在高温下发生断链降解，降低了对黏土粒子的保护能力从而使失水量进一步增大。因此，必须提高降滤失剂的抗温能力也就是高温下降滤失剂的分子结构稳定性，使其在高温下不发生或少发生分子的断链降解。

高温使降滤失剂在黏土颗粒上的吸附减弱，这也是降滤失剂高温衰变导致失水量增大的又一重要原因。泥浆的高效降滤失作用要依托降滤失剂分子在黏土颗粒表面的多点吸附，使水溶性降滤失剂大分子牵缚住大量水分子，这样才能使黏土颗粒间接捕捉更大量的水分子，形成很厚的水化膜来降低失水量。而这类吸附受温度影响较大，一般规律是：吸附质在吸附剂上的吸附量随吸附温度上升而减少——增温解吸，降温吸附。因此，黏土微粒作为吸附剂，降滤失剂作为吸附质，也必然符合这一客观规律。所以，随着温度升高，吸附减弱，降滤失剂分子以多点方式吸附在黏土表面的数量不断减少，水化膜变薄，自由水数量不断增加，失水量就会逐渐增大。

综上所述，控制钻井液的高温滤失量主要是从耐高温黏土复配和耐高温降滤失剂选用两个方面进行。而增强高温吸附稳定性又是二者共同要素。

3.2 耐高温降失水剂的研配

高温环境下，降滤失剂普遍会发生减效衰变，原因主要是基团变异、降解、交联、解吸附、去水化等。当前，处理剂的研发一般包括天然高分子改性、人工合成高分子等，如常用到磺化钻井液体系中的SMC、SMP、SPNH，聚合物体系中的NH_4HPAN等。近年来，经过聚合方法合成出许多性能优良的多元聚合物降滤失剂，部分抗高温降滤失剂见表3-2。

表3-2 部分国外内抗高温处理剂

SMC	磺化褐煤，抗温220℃左右
SMP	磺化酚醛树脂，抗温200℃左右
Polydrill	抗高温磺化聚合物，相对分子质量为2×10^5左右，抗温260℃
Hostadrill 4706	乙烯磺酸盐和乙烯氨基化合物，抗温230℃
RESINEX	抗温230℃，与SMC、SMP复配的效果相当
COP-1和COP-2	使用井温超过260℃
VSVA	乙烯磺酸盐乙烯酰胺共聚物，降滤失剂，分子量100万左右，抗温大于200℃

上述材料的抗温性评价结果普遍存在的问题是：①现有常规材料在200℃左右易降解变性，尽管个别处理剂抗温能力超过200℃，但是缺少与之相匹配的其他功能型抗高温处理剂，难以形成抗温能力更强的钻井液体系。②目前，可用于处理剂性能测试的相关国家或行业规范测试温度均在200℃以内，且测试方法也多为经受高温老化恢复至室温后进行，其实时高温下的性能难以有效判断。

3.2.1 抗高温降滤失剂的研发思路

共聚物是一种结构非常复杂的混合物质。从分子空间几何角度来看，根据其链结排布方式的不同，可分为线型（直链型、支链型）和网型高分子。钻井液处理剂大多是线型的，也可带有部分支链，在水溶液中能较快溶胀直到完全溶解。线型分子具有一定的柔顺性和弹塑性，易于与黏土颗粒发生吸附缠绕，形成网架结构，提高钻井液的黏度和切力，还可以挤入泥饼中的毛细孔隙，使泥饼更加致密、坚韧。为此，开展如下支链型抗高温聚合物降滤失剂的研制。

为确保高分子在较高温度下还能保持原有结构和性能，不出现过度降解或交联，要求分子结构中主链应主要由高键能的共价键组成，且分子中各主要官能团在高温高压碱性水环境下不发生水解。也即，主链或亲水基与主链连接键尽量采用“C—C”“C—N”“C—S”等键能较高的共价键，而避免采用易发生氧化和水化断裂的“—O—”键。另外，在主链上引入环状结构可以增强分子链的刚性，利用环状结构的共振作用能提高材料的热稳定性。

侧链上的官能团和支化程度对共聚物的性能较显著。支链上官能团的性能和个数、支链长度和支化程度在很大程度上改变了聚合物的性能。通过增大分子的支化度、增长支链、增加支链上功能团的数量，可以提高分子之间和分子与黏土之间的作用力及运动阻力，从而增强体系的抗高温能力。侧链与主链的连接也应采用高键能的共价键，降低其断裂的概率。

为此，研究者开展了基于 AM、AMPS、DMDAAC、SSS 四种单体进行合成的聚合物降滤失剂研发试验。其分子结构与分子式见表 3-3。

表 3-3 单体分子结构式与分子式

单体	分子结构	特性
AM	$CH_2=CH\overset{\overset{O}{\|}}{C}NH_2$	丙烯酰胺是一种不饱和酰胺，单体在室温下很稳定，但当处于高温、氧化或其他诱导作用条件下很容易发生聚合反应，是合成共聚物处理剂中使用最多的材料之一
AMPS	$CH=CH-\overset{\overset{O}{\|}}{C}-NH-\underset{\underset{CH_2}{\|}}{\overset{\overset{CH_2}{\|}}{C}}-CH_2-SO_3H$	AMPS 是一种多功能的阴离子单体，$—SO_3—$基团中存在两个 S—O 的 p—d 键，使得带有该集团的单体具有很高的耐温性和抗阳离子污染的能力，AMPS 及其共聚物表现良好，在油田钻采中得到广泛使用
DMDAAC	$(CH_2=CH-CH_2)_2-\underset{\underset{CH_3}{\|}}{N}Cl$	DMDAAC 为无色透明液体，在常温下十分稳定，该单体既可以发生均聚也可以共聚，季铵基基团的耐盐性使得聚合物的耐盐能力较大程度地提高
SSS	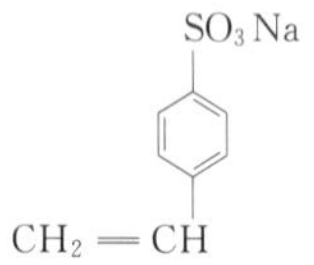 $CH_2=CH-C_6H_4-SO_3Na$	SSS 热分解温度超过 300℃，是良好的水溶性烯基磺酸盐单体，具备较高的聚合性，磺酸阴离子基团使其具有较好的耐盐性能，分子中的刚性苯环基团使其具有很好的热稳定性

3.2.2 研发过程

1. 单体配比的影响

单体的比例对产品的分子量、溶解能力、分子结构、性能有巨大的影响。良好的降滤失剂既应具备适当的相对分子质量，还需要合适的水化基团和吸附基团。通过实验和已有数据初步确定了四元共聚物中各种单体的配方，即 AM ∶ AMPS ∶ DMDAAC ∶ SSS = 10 ∶ 2 ∶ 2 ∶ 1。按照此配比合成的产物有较好的水溶性和适宜的特性黏数，符合降失水剂的分子要求。

2. 反应温度的影响

温度对反应体系的影响体现在加快了引发剂的分解速率和降低了聚合反应的活化能

（图3-5）。初始阶段，随着温度的升高，引发剂的分解速率加快，体系中引发剂的浓度升高，加速聚合反应，使得聚合物的分子量增大，特性黏数增大，降低了失水量。随着温度的进一步升高，引发剂分解过快，导致自由基浓度过高，反应加剧，使得最后共聚物的分子量降低，特性黏数减小，滤失量增大。为了确保产物的降滤失性能，选取50℃作为最佳合成温度。

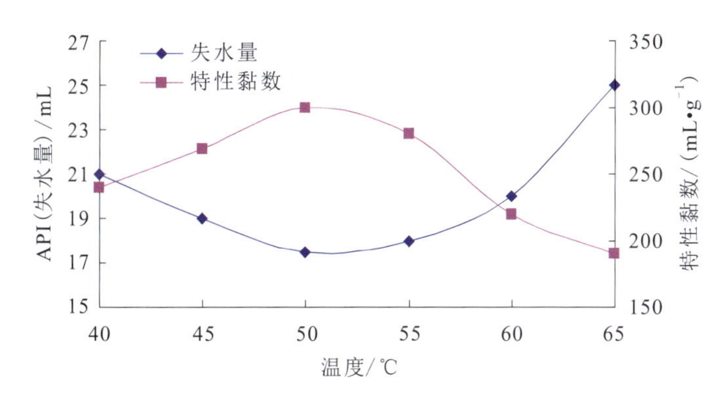

图3-5　温度对聚合物性能的影响

3. 引发剂加量的影响

如图3-6所示，引发剂加量过多，相同条件下体系中的反应中心过多，反应终止后的产物分子量相对偏低；引发剂不足，体系中产生的反应中心偏少，反应较慢，同时可能由于自由基夺取电子泯灭而停止聚合。

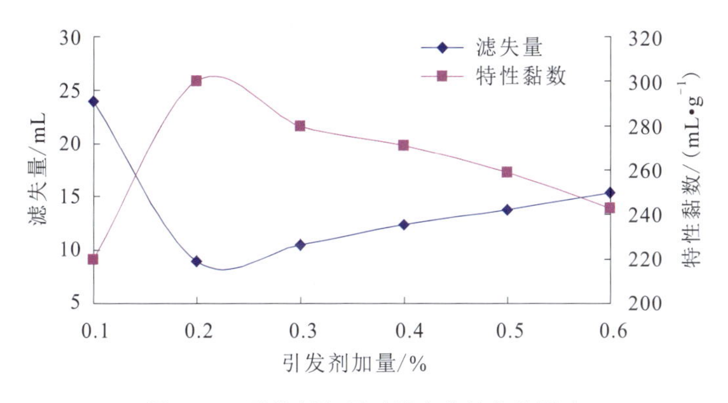

图3-6　引发剂加量对聚合物性能的影响

由图3-6可以看出，随着引发剂的增加，特性黏数先增大后减小，体系失水量先减小后增大，二者拐点均出现在引发剂加量为0.2%时。因此，选取0.2%为最佳合成引发剂加量。

4. 单体浓度的影响

单体浓度大小决定了体系中自由基与单体接触的概率，直接关系到体系的反应速度。对于自由基聚合反应，聚合速率 $R_p=a\ [M]^k$（$[M]$ 为单体浓度）单体分子之间碰撞的概率增大，反应速率加快，共聚物分子量也随着增大。在一定浓度范围内，共聚物的分子量与单体浓度平方根成正比，但超过该范围，单体浓度继续增加将会对体系的热传导和传质产生较大的负面影响，导致聚合物分子量下降（图 3－7）。

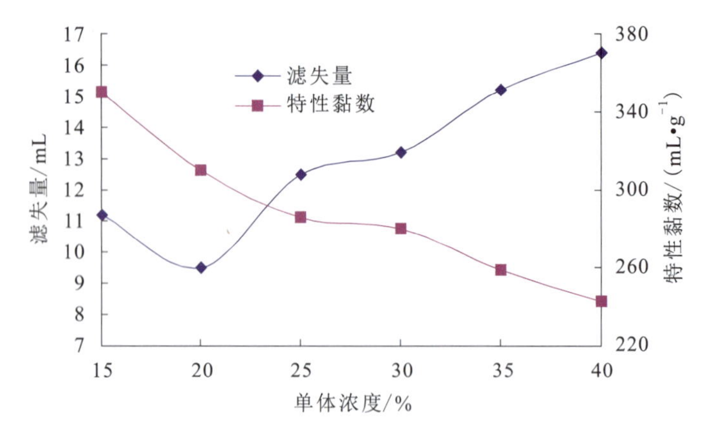

图 3－7　单体浓度对聚合物性能的影响

由图 3－7 可知，钻井液失水量随着单体质量分数的增加先出现明显的减小趋势，当单体质量分数达到 20%时，失水量最低，之后随着比例的增加，体系失水量逐渐增加。因此反应单体的质量分数以 20%为最佳。

5. 反应时间的影响

聚合反应时间的长短在很大程度上受引发剂的半衰期和热分解温度的影响（图 3－8）。时间过短，反应来不及彻底进行，会浪费很多原料，产品性能也会受影响；反应时间过长，会造成不必要的浪费，增加成本。反应温度、引发剂的半衰期和用量、单体浓度等因素对反应时间有较大的影响。

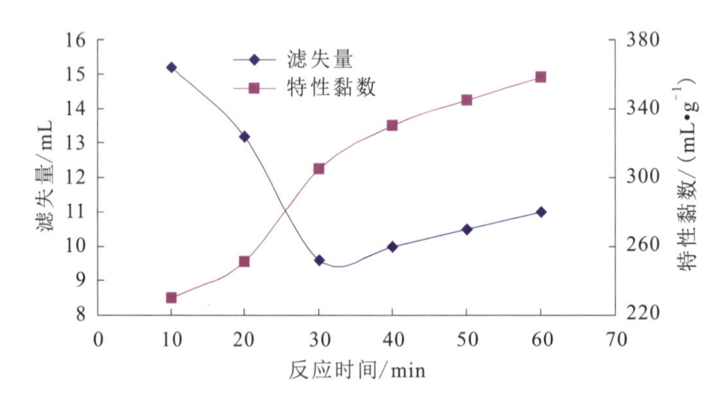

图 3－8　时间对聚合物性能的影响

随着反应时间的增加，共聚物的失水量先增加后减小，对比产物的特性黏数可以看出，反应在 30min 内基本完成，此时反应器中产物为透明的胶状物，若继续反应，所获胶状物将形成类似凝胶状物质，说明反应后期反应热难以散发出去导致产物出现一定程度的交联，为避免后期出现的不利影响，选择反应时间为 30min。

在已有研究的基础上，通过对比试验确定了 AM/AMPS/DMDAAC/SSS 四元共聚物性能最佳的聚合条件，具体聚合实验条件如下表 3－4 所示。

表 3－4　AADS 的水溶液聚合最佳实验条件

影响因素	实验条件
引发剂	0.2%/ $(NH_4)_2S_2O_8$ - $NaHSO_3$
单体配比	AM：AMPS：DMDAAC：SS=10：3：2：2
单体浓度	20%
反应温度	50℃
反应时间	30min
pH	7

6. 红外光谱分析

对产物进行红外光谱分析之前，产物的纯度对光谱会有较大程度的影响。所以实验之前将产物用丙酮和无水乙醇反复沉淀，经过多次沉淀后将产物烘干、粉碎、烘干，然后用溴化钾压片制样。采用美国赛默-飞世尔科技公司（Thermo Fisher）的 Nicolet6700 型傅里叶变换红外光谱仪测定聚合物的 FTIR 图谱。四元共聚物的 FTIR 图谱如图 3－9 所示。

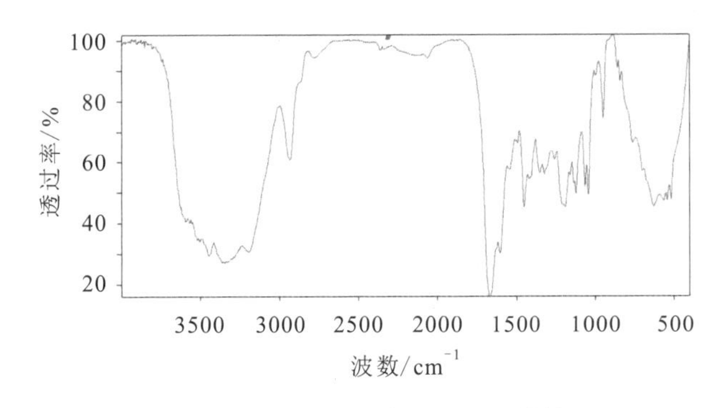

图 3－9　四元共聚物的 FTIR 图谱

从图 3－9 中可知，波数 3444cm^{-1} 处的吸收峰归属—NH_2 中 N—H 的伸缩振动；2935cm^{-1} 处的吸收峰归属—CH_3 的特征吸收峰；1669cm^{-1} 处的吸收峰归属酰胺基中 C═O 键的伸缩振动；1454cm^{-1} 处的吸收峰归属—CH_2—中 C—H 的弯曲振动；1044cm^{-1} 处的吸收峰归属—SO_3^{2-} 中 S—O 键的伸缩振动；1185cm^{-1} 处的吸收峰归属—SO_3^{2-} 中 S═O 键的伸缩振动；1454cm^{-1} 处的吸收峰归属—C—H 键的弯曲振动；766cm^{-1} 处的吸收峰归属苯环单取代中 C—H 外弯曲振动；FTIR 图谱表明共聚物含有各种单体的功能基团，为共聚产物。

7. 热稳定性分析

四元聚合物的 TG－DSC 曲线如图 3－10 所示。由图可见，在 260℃之前发生了第一阶段的失重，该部分质量占据聚合物总质量的 11.5%，DSC 曲线显示该过程是一个吸热过程。该阶段的失重主要由吸附水和分之间结合水或者小分子物质的挥发所致。合成的聚合物分子结构中含有大量的强极性亲水基团，导致分子中含有大量的吸附水和结合水，在升温的过程

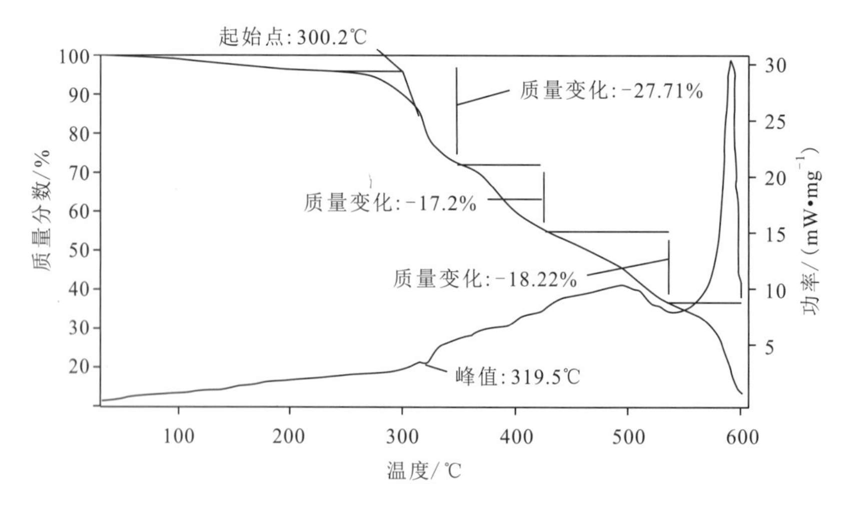

图 3-10　四元共聚物的 TG-DSC 曲线

中该部分物质首先挥发掉。

聚合物在 260℃附近开始分解，300.2℃后分解加剧，DSC 曲线在 319.5℃处出现低谷表明该阶段聚合物分解较为强烈，放出大量的热，260～319.5℃范围内质量损失达 27.7%，该过程主要由—$CONH_2$ 和 AMPS 中磺酸基团分解导致。

在 319.5～500℃温度范围内，分子侧链发生分解，反应比较温和，DSC 曲线上没有出现明显波动，反应为吸热反应；500℃之后聚合物放热说明主链开始分解，放出大量的热，DSC 曲线出现峰值；TG 表征结果显示，所合成的共聚物具有较高的热分解温度，分子结构分解温度达到 260℃，温度达到 320℃时质量只损失了 27.7%，表明该物质热稳定性较好，可在高温条件下使用。

8. 黏均分子量测定

采用乌氏黏度法测得质量浓度为 0.1%聚合物溶液的流动时间，通过一点法计算出其特性黏数为 3.236 dl/g，鉴于合成共聚物主要由丙烯酰胺类单体聚合而成，聚丙烯酰胺类共聚物黏均相对分子质量 M_η 一般采用 Mark-Houwink-Sakurada 黏度公式（$M_\eta=802\times[\eta]^{1.25}$）计算，计算得四元共聚物黏均相对分子质量 $M_\eta=1.09\times10^6$。

3.2.3　现场用抗高温降滤失剂

在钻井现场，为了确保钻井液的抗高温能力，从市场上优选了不同的抗高温聚合物降滤失剂，结合其性能与成本考虑，重点使用了 SO-1 与 RHTP-2 两种聚合物。

其中，SO-1 是以 AMPS、AM、AN 和 AA 为单体合成的，其结构式如图 3-11 所示。

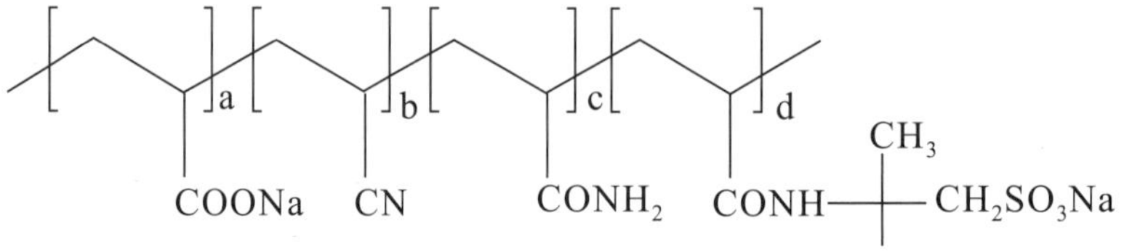

a　b　c　d

COONa　CN　$CONH_2$　CONH—C(CH_3)—CH_2SO_3Na

图 3-11　SO-1 的合成分子结构

该处理剂分子量适中，约为几十万，采用了 C—C、C—Si 等较稳定的主链结构，在侧链上引入—CN、$—SO_3^-$ 等强水化基团，提升了其抗温抗盐性能。SO－1 具有高负电荷密度，既可以阻止黏土颗粒形成网架结构，又可以使分子链充分伸展，通过吸附在黏土表面形成厚的水化膜，有效控制滤失量。

RHTP－2 则由 AA/AMPS/SSS 3 种单体共聚而成，其分子结构如图 3－12 所示。

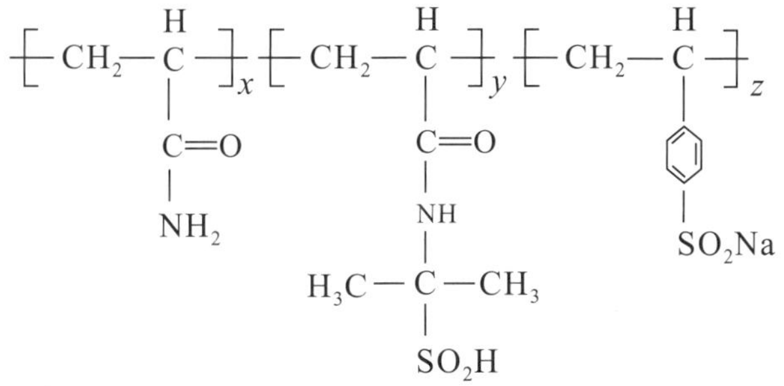

$$\left[CH_2-\underset{\substack{|\\ C=O\\ |\\ NH_2}}{\overset{H}{C}}\right]_x\left[CH_2-\underset{\substack{|\\ C=O\\ |\\ NH\\ |\\ H_3C-C-CH_3\\ |\\ SO_2H}}{\overset{H}{C}}\right]_y\left[CH_2-\underset{\substack{|\\ C_6H_4\\ |\\ SO_2Na}}{\overset{H}{C}}\right]_z$$

图 3－12　3 种单体共聚而成的 RHTP－2 分子结构式

从 RHTP－2 的共聚物结构式中可以看出，所合成的共聚物中含有$—CONH_2$、$—NH_2$、$—CHCONH_2$ 等亲水性强的极性基团，又含有—（C_6H_4）SO_3^{2-} 抗盐抗温性能好的磺化基团，因此具有较好的抗温抗盐性能。它的红外光谱如图 3－13 所示。

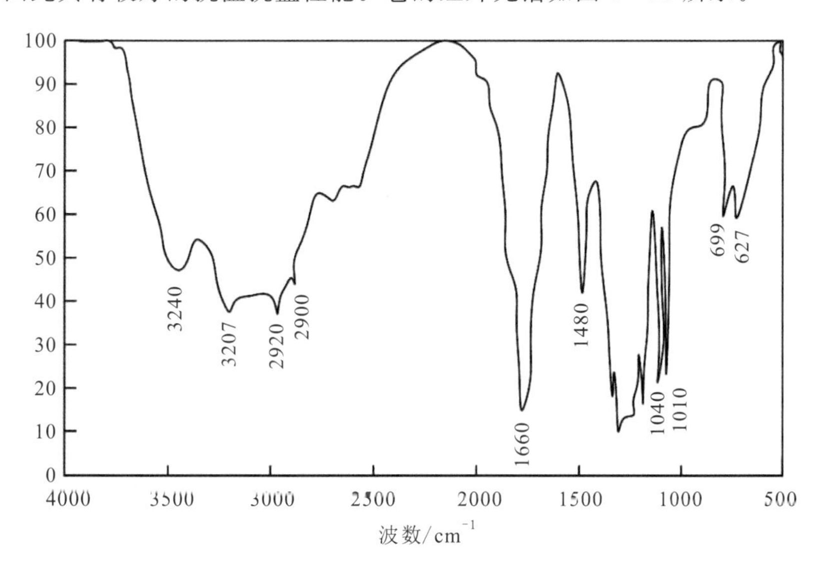

图 3－13　RHTP－2 的红外光谱图

由 RHTP－2 的红外图谱分析可知，3420cm^{-1}为 NH_2 的吸收峰，3207cm^{-1}为—NH 的吸收峰，2920cm^{-1} 为$—CH_3$ 的不对称伸缩振动峰，2900cm^{-1} 为$—CH_2$ 的伸缩振动峰，1650cm^{-1}为酰胺基中—C ═O 的伸缩振动峰，1460cm^{-1}为长链亚甲基的不对称弯曲振动峰，1040cm^{-1}和 1220cm^{-1}为$—SO_3^{2-}$ 的对称和不对称振动吸收峰，699cm^{-1}为单体取代苯环的吸收峰，627cm^{-1}为 C—S 的伸缩振动峰。

室内为对比国内外的多种抗高温降滤失剂抗温抗盐性能，按照如下配比制备基浆：4%

NV－1＋1％聚合物降滤失剂＋4％NaCl＋0.5％Na_2SO_3，于230℃老化16h，测试其热滚前后流变参数与失水量，结果见表3－5所示。

表3－5 不同聚合物降滤失剂的性能对比

抗高温处理剂	状态	AV/（mPa·s）	PV/（mPa·s）	YP/Pa	FL/mL
RHTP－2	老化前	41.5	18	23.5	—
	老化后	13.5	6	6.5	18
Driscal－D	老化前	21	11	10	—
	老化后	11	6	5	14
HLF－1	老化前	37	26	9	—
	老化后	9.5	7	2.5	25.2
HR－1	老化前	40	27	13	—
	老化后	8	6	2	37.2
SO－1	老化前	21	9	12	—
	老化后	5.5	3	2.5	16
PSP－1	老化前	29.5	21	8.5	—
	老化后	17.5	5	12.5	44

相比于其他处理剂，所选择的抗高温降滤失剂具有良好的降滤失性能。为进一步验证其在钻井液配方中的性能，以3％NV－1＋1％聚合物＋6％SMC＋3％Soletex＋3％KCL＋0.3％NaOH＋80g重晶石粉配制钻井液，对比Driscal－D、RHTP－2、SO－1、HR－1等在配方中的性能表现（表3－6），结果再次表明RHTP－2与SO－1均具有良好的抗高温降滤失能力。

表3－6 RHTP－2与SO－1的抗高温降滤失剂的流变性能和滤失量指标对比

抗高温处理剂	AV/（mPa·s）	PV/（mPa·s）	YP/Pa	FL/mL
HR－1	44.5	33	11.5	10.6
Driscal－D	58	37	21	7.8
RHTP－2	40.5	26	24.5	6.4
SO－1	62	52	10	6.0

注：SO－1加量为2％。

其中，SO－1良好的抗高温抗盐性能主要是由于其分子链上的腈基、酰胺基等可以通过氢键吸附在黏土颗粒表面，形成牢固的吸附层，在高温下不易解吸附，阻止黏土颗粒絮凝，从而形成薄而致密的滤饼，降低了滤失量；而且，其分子链含有磺酸基等强水化基团，增强了黏土颗粒的水化程度，使黏土颗粒表面水化膜增厚、滤饼的压缩性增强、滤饼的渗透率降低，从而降低了滤失量；再者，SO－1的分子尺寸刚好在胶体颗粒的范围内，分子链通过楔入滤饼孔隙中或卷曲成球状，堵塞滤饼的微孔隙。

3.3　抑制剂的抗高温优选

抑制剂主要用于抑制因页岩中的黏土矿物水化、膨胀分散而引起的垮塌等，就其抑制作用的实现而言，主要包括两种方式：①附着在岩石表面形成疏水膜，防止钻井液渗入地层，也即通过增加水的迁移阻力以实现抑制；②通过增加页岩颗粒之间的连接力达到抑制的目的。从微观角度出发，增加页岩颗粒之间的连接力包括两种途径：一是通过氢键或范德华力与泥页岩颗粒相连；二是通过聚合物与页岩颗粒相连，使其遇水不会自动分散。如此，可将页岩抑制剂分为阻碍型、封堵型和润湿改性型3种。

就阻碍型页岩抑制剂而言，无机盐如氯化钠、氯化钾、氯化钙等均可以降低钻井液滤液水活性，尤其是甲酸钾，由于其游离水含量低，可以在页岩表面形成高渗透压，切断页岩孔隙压力，改善页岩壁的稳定性。

封堵型页岩抑制剂不需要显著的水迁移，通过封堵物可将页岩孔隙进行堵塞，主要包括聚合醇、硅酸盐、铝络合物和高分子聚合物等，其封堵原理各异。如具备浊点效应的聚合醇，当温度高于浊点时，可形成不溶于水的微乳液对微孔隙加以堵塞，同时在岩石表面形成疏水性膜以阻挡水的侵入。

润湿改性型页岩抑制剂主要是一些阳离子表面活性剂，如十二烷基三甲基氯化铵、十二烷基氯化吡啶以及有机硅等。此类阳离子表面活性剂通过分子结构的阳离子或亲水末端在黏土颗粒的表面吸附，非极性末端在黏土表面上覆盖，可以削弱黏土表面的亲水性，甚至将其转化为亲油性表面，大大降低泥页岩对水分子的毛细管引力，削弱水侵入地层的趋势。

抗高温钻井液的设计，一方面应考虑高温下页岩抑制剂的防塌效能，另一方面应考虑钻井液体系中的黏土矿物（造浆黏土与钻屑）因高温进一步分散的问题，本节重点就无机盐类与沥青类的抑制剂加以讨论。

3.3.1　沥青类抑制剂

选择市场上的天然沥青、改性沥青、乳化沥青各两种，在180℃条件下进行泥页岩膨胀量测试，并计算其相对膨胀量降低率，结果如图3-14所示。相比而言，Asp-D型沥青粉的泥页岩膨胀量降低率最大，说明它在180℃的高温环境下具有较强的抑制效果。

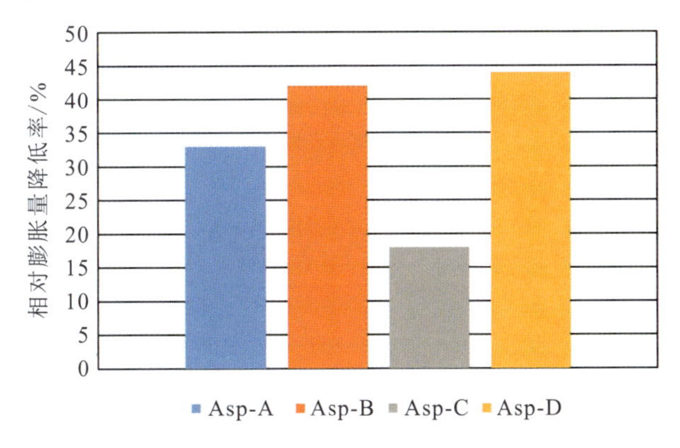

图3-14　不同沥青的相对膨胀量降低率

$$相对膨胀量降低率=\frac{H_0-H_1}{H_0} \tag{3-1}$$

式中：H_0 为蒸馏水-岩心线性膨胀量；H_1 为沥青溶液-岩心线性膨胀量。

测试不同温度下的相对膨胀量降低率结果如图 3-15 所示。

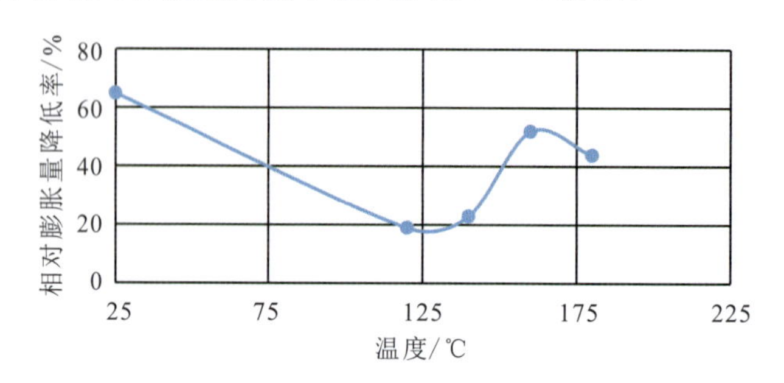

图 3-15　温度对含有 Asp-D 的样品相对膨胀量降低率影响

图 3-15 表明，Asp-D 常温环境下的抑制效果最强，随着测试温度升高，大致呈现出先减后增的现象。主要原因在于：沥青受温度影响较大，当温度较低时，沥青在岩心表面吸附紧密，隔绝自由水侵入到岩心深处；随着温度升高，自由水活动增强，沥青粉在岩心表面的解析作用也增强，防膨性能有所降低；当温度升高至沥青软化点附近时，沥青颗粒开始软化并紧密贴在样品表面，此时抑制剂的防膨性能有所回升。

沥青抑制剂的加入还需充分考虑其抗温性。参照《钻井液用页岩抑制剂改性沥青 FT341，FT342》(SY/T 5665—1995)、《钻井液用沥青类评价方法》(SY/T 5794—2010)、《钻井液用磺化沥青技术要求》(Q/SH 0043—2007) 等规范，按照如下配比制备待测液：4% NV-1＋4%评价土＋0.24% Na_2CO_3 ＋2% SMC＋4%沥青防塌剂，然后进行高温老化(230℃×16h)，并测试老化后的中压失水量和高温高压失水量 (180℃×500 psi)，结果如表 3-7所示。

表 3-7　沥青类处理剂测试数据

样品	状态	$\phi600/\phi300$	$\phi200/\phi100$	$\phi6/\phi3$	FL_{API}/mL	FL_{HTHP}/mL
Asp-A	老化前	7/4	3/1	0/0	—	—
	老化后	11/7	3/1	0/0	16	44
Asp-B	老化前	13/8	6/4	1/0	—	—
	老化后	沥青颗粒团聚，丧失性能			—	42
Asp-C	老化前	11/7	5/3	0/0	—	—
	老化后	沥青破乳，斑点状分散			22	70
Asp-D	老化前	8/5	3/1	0/0	—	—
	老化后	10/6	4/2	0.5/0	12	36

由表 3-7 可知，高温老化后，Asp-B 和 Asp-C 失去稳定性；相比而言，Asp-A 与

Asp－D 具有较好的抗温效果，其中 Asp－D 降失水效果更优。它的防塌机理为：Asp－D 是用—SO_3^- 对沥青进行磺化制得，—SO_3^- 对沥青分子中的有效双键进行攻击，从而产生化学反应，生成磺化沥青，再用氢氧化钠或者氢氧化钾进行中和，形成的产物带有很多的阴离子基团，并且具有很高的水溶性；它的粒径大小不一，正好能满足井下不同尺寸的岩缝和泥饼的封堵；其阴离子基团也更容易吸附到破碎泥页岩和黏土的带电端，抑制其水化，阻止其溶胀、脱落、垮塌（图 3－16）。

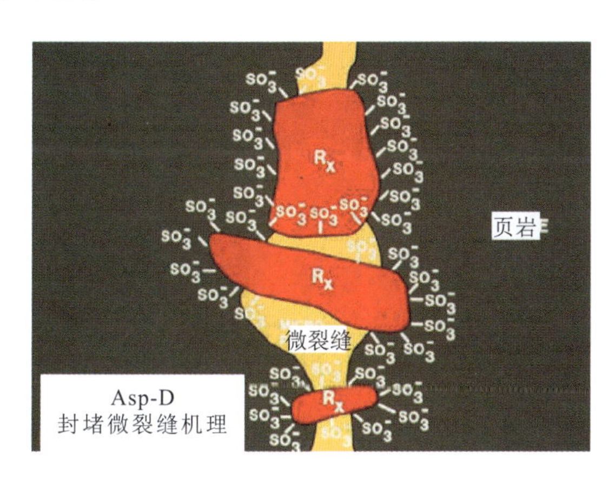

图 3－16　Asp－D 颗粒封堵微裂缝机理图

由此可以得知 Asp－D 的作用机理是：Asp－D 中水溶部分是由带负电荷的高分子成分组成，可以黏附在带正电荷的黏土和页岩的端部，因而产生化学中和效应，从而抑制页岩吸水（膨胀）的趋势；Asp－D 中不溶于水的片段，具有特定的颗粒度分布，可提高滤饼质量和封堵页岩的微裂缝。

3.3.2　盐类抑制剂优选

首先配制不同的试验样品，进行泥页岩加热滚动回收试验，对比常用抑制剂的热滚回收率（图 3－17），试验条件为 160℃×16h。

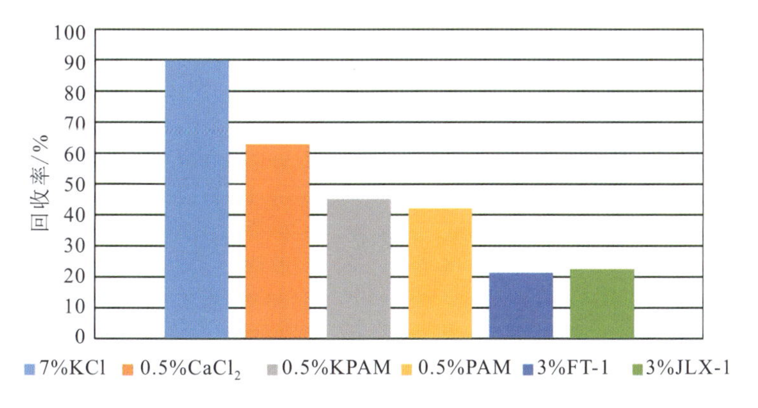

图 3－17　不同抑制剂的回收率对比

结果表明，在 160℃条件下，无机盐 KCl 与 $CaCl_2$ 仍然具有较好的抑制效果，尤其是前

者中 K^+ 的镶嵌作用在高温下仍然能够抑制钻屑分散。聚丙烯酸钾、聚丙烯酰胺等大分子由于高温降解失效而基本上全部丧失了抑制性能，两相比较，含有钾离子的 KPAM 较 PAM 的回收率更高一些。

考虑到有机抑制剂高温下降解失效，进一步提高试验温度至 220℃以验证无机盐的抑制效果。结果表明（图 3－18），同等加量条件下，无机盐在该温度下仍然具有良好的抑制效果。

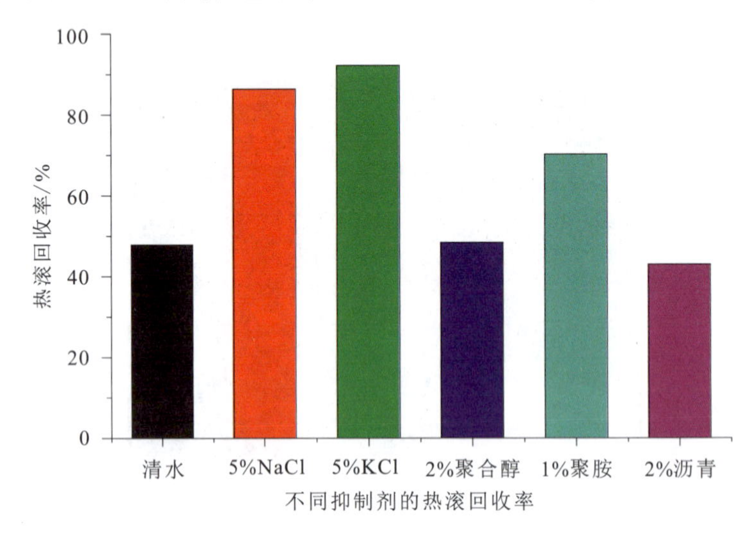

图 3－18 抑制剂回收率的对比

进一步对比了不同抑制剂加入钻井液后泥浆综合性能的变化情况，结果见表 3－8。其中，基浆为 2％NV－1＋2％ATTP ＋3％QS－3＋0.1％NaOH＋1％SO－1＋1％TD－1＋1％LOCKSEAL＋3％JA＋2％Soletex，试验条件为 220℃×16h。

表 3－8 不同抑制剂对钻井液综合性能参数的影响

抑制剂	条件	AV/（mPa·s）	PV/（mPa·s）	YP/Pa	FL/mL	回收率/%
5％KCl	滚前	58.5	43	15.5	8	95.2
	滚后	35	18	16	6.8	
5％KCOOH	滚前	54	44	10		94.3
	滚后	34	19	15	6.0	
5％NaCl	滚前	56	48	8		85.9
	滚后	26	13	13	7.0	
5％NaCOOH	滚前	66	53	13		85.6
	滚后	33	16	17	6.0	
1％$CaSO_4$	滚前	90.5	68	22.5		71.4
	滚后	23	20	3	5.0	
1％AP－1	滚前	104	71	33		70.8
	滚后	47.5	29	17.5	4.8	

就回收率而言，含有钾离子的 KCOOH 与 KCl 具有更好的抑制钻屑分散的效果，其次为 NaCl 与 NaCOOH，再次为石膏和聚胺。从流变性以及失水来看，甲酸盐对泥浆的性能影响相对较小，相较于氯化盐，更适用于高温钻井液。

将钻屑过筛，分别称量不同尺寸范围的钻屑质量并计算质量百分比，结果如图 3-19 所示。

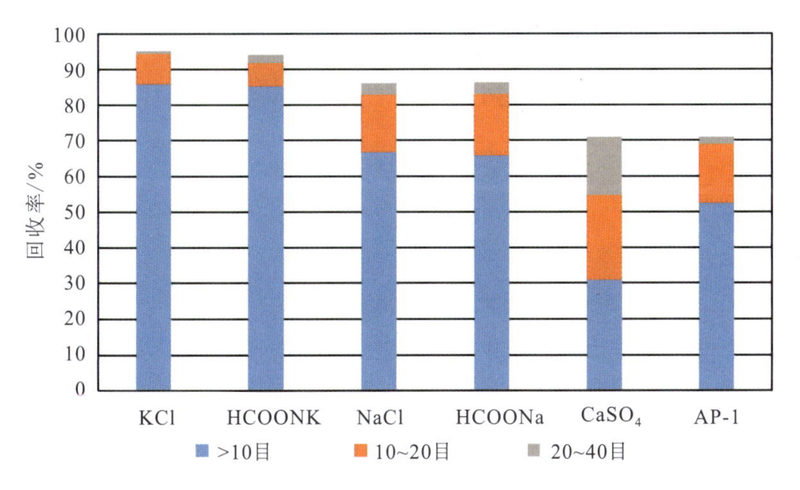

图 3-19　不同抑制剂热滚回收钻屑尺寸分布百分比

结果表明，不同抑制剂对应回收后的钻屑尺寸分布差别较大，且较大尺寸的钻屑占比排序大致与回收率高低正相关；相比而言，石膏与聚胺尽管回收率相当，但是前者对应的小尺寸钻屑占比更大，在同等条件下宜选用后者。

图 3-20 和图 3-21 为不同抑制剂回收的钻屑外观，结果表明，含有 KCl 的钻屑尺寸较大且均一，棱角分明，说明它基本未发生分散，NaCl 次之；而石膏样品回收的钻屑细颗粒较多，分散严重。

图 3-20　KCl 与 NaCl

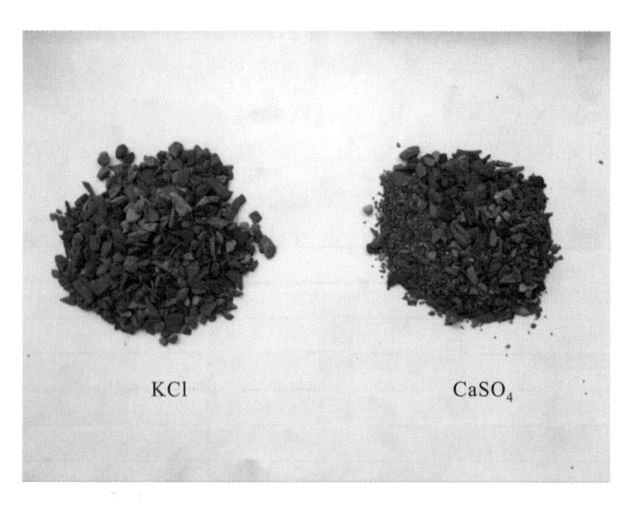

图 3-21 KCl 与 $CaSO_4$

3.4 高温下厚段水敏松散地层完钻

3.4.1 三开段钻井液技术

三开段主要钻遇地层为登娄库组、营城组和沙河子组，具体岩性包括泥岩、砂质泥岩、粗砂岩、砾岩、凝灰岩、煤线等。将不同层段的岩心碎块采样后进行矿物组分鉴定，结果表明，三开不同深度范围内的黏土矿物含量为32%～56.9%，部分层段如紫红色泥岩和凝灰岩具有极强的水敏性。

在明确地层信息、取心工艺、大致施工周期以及后续抗高温钻井液体系转换的便利性等综合要素的基础上，确定如下基本配方：4%NV-1+0.15%Na_2CO_3+0.1%NaOH+2%SMC+2%SPNH+2%FT-342+2%QS-2+3%RH-1+5%KCl+5%HCOONa。

将所获钻井液配方进行不同温度下的老化试验，结果表明，在最高测试温度180℃范围内，钻井液各项性能参数均在一定的范围内波动，抗温性能良好。将登娄库组泥岩钻屑进行热滚回收率试验，结果表明，清水回收率为40.4%，配方钻井液回收率为91.34%，说明该配方钻井液在180℃条件下仍然具备极强的抑制性。

将配方钻井液分别加入5%NaCl、1%CaSO4以及5%登娄库组泥岩岩粉，测试其性能变化情况，结果见表3-9。结果表明，随着污染物的加入，其流变参数AV及YP均有所增加，失水量也有所上升，但是整体性能未发生大的波动，说明该配方钻井液具有一定的抗污染能力，在钻遇强造浆泥岩及盐膏层时性能在短时间内不会发生突然恶化，可为钻井液体系转换争取有利条件。

三开裸眼段初始井温100℃，预计三开中完时的井底温度为165℃左右，钻井液必须具备良好的抗温能力。取心钻进过程中对钻井液进行超温先期检验，早期对钻井液进行先期处理，使其达到不同井深阶段的抗温能力。针对检验结果，本段钻井液能抗180℃的高温，完全能胜任三开钻井液的需要。

表 3-9　抗污染实验

配方	AV/（mPa·s）	PV/（mPa·s）	YP/Pa	GEL/（Pa·Pa）	FL_{API}/mL	pH
基础配方	15	11	4	0.5/2	4.0	9
基础配方+5%NaCl	17	13	4	0.5/1.5	4.4	8.5
基础配方+1%石膏	17	11	6	1.5/2	6.2	8.0
基浆+5%岩粉（100 目）	20	15	5	1/2	4.8	9

结合三开钻遇地层的岩性特征及钻进过程中的实际情况，制定并采取了如下措施：

（1）登楼库组棕红色泥岩和营城组凝灰岩具有一定的水敏性，易发生水化膨胀、剥落坍塌，钻井液采取以 FT-342、QS-2 等材料加强封堵为主，以氯化钾、氨基聚醇、高分子聚合物等处理剂加强抑制性为辅，通过磺化材料与聚阴离子纤维素尽量降低滤失量，改善滤饼质量等实现综合防塌的目的。

（2）钻进营城组杂色砾岩、安山玄武岩、流纹岩过程中，起钻时在打捞杯和内筒发现有间断性的掉块，掉块大小不等，最大的约 8cm×16cm（图 3-22）。原因大概打捞杯与井眼的间隙在 3mm 左右，在起下钻过程中钻具与井壁之间发生机械碰撞，导致部分不稳定的掉块脱落。为此，通过加大沥青类防塌剂以及润滑剂的加量，在增强岩石胶结能力的同时提高钻具与井壁间的润滑性，后续实施三趟钻后，上述现象即消失。

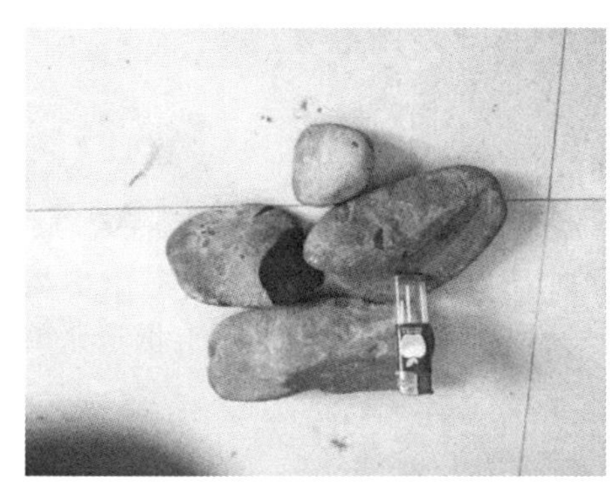
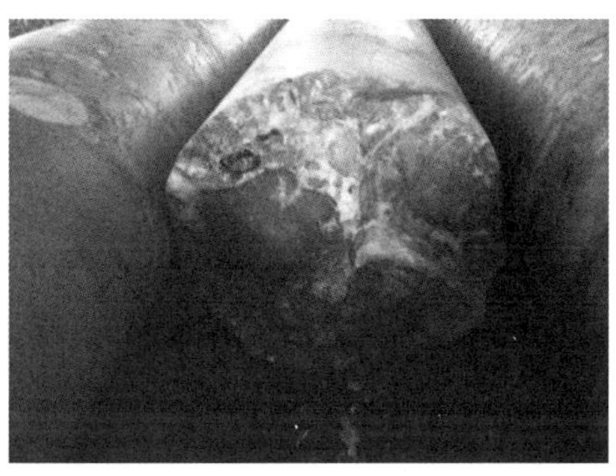

图 3-22　部分掉块外观及岩心实物照片

（3）沙河子组井段共钻遇煤层 20 层。由于煤岩具有割理发育、脆性大、强度低等特点，在地层应力及其他外界因素的影响下很不稳定，且对钻柱的机械碰撞和钻井液的水力冲击震动等都十分敏感。为有效应对易垮易碎的煤岩地层，做到了如下几个方面：①煤岩多与泥页岩互层，水敏性泥页岩的水化促使煤岩因顶底板的应力发生变化而失稳。为此，需要加入氯化钾等抑制剂以充分应对煤岩伴生的泥页岩的水化。②调整流变参数，尽量采用平板层流以有效携岩，降低水力冲击的强度。③观察三开实钻地层岩性，钻遇的煤岩性脆，破碎，层间胶结脆弱。为此，应注重提高泥饼质量，加大封堵性较强的沥青类、超细碳酸钙、聚合醇等处理剂用量，从而增强破碎煤岩的胶结性以防止井壁坍塌。

此外，由于本段裸眼段取心长度达到 1700m 左右，施工周期长达 10 个月，起下钻频繁，且取心钻具长时间工作容易因疲劳而发生损坏，掉落井底后造成复杂事故。为此，通过增加白油基润滑剂将润滑系数控制在0.06～0.08范围内，在延长钻具的使用寿命、降低粘附卡钻的风险、减小钻杆扭矩等方面起到了良好的作用。

在上述措施的综合使用下，整个三开在长达10个月的取心钻进过程中，井内正常，起下钻顺畅，取心顺利，中途及完井阶段的两次测井和下套管等工序均取得了成功。

对于漏斗黏度而言，三开开钻时透水泥塞及钻井液体系转换过程中黏度较二开完有所降低，此后，随着井深的增加，为确保钻井液高温下的携岩能力逐渐增加至50s左右；对于密度而言，转换结束后结合地质设计将调整至1.13g/cm³，但是取心过程中仍然零星伴随着掉块现象，为井内安全考虑逐步提高至1.21g/cm³左右；中压失水量在整个钻井过程中一直较低，主要原因在于一方面各类护胶剂加量充足，另一方面可能是磺化材料在高温下发生了一定程度的交联。

三开于2015年4月4日开钻，取心钻头直径为311.15mm，采用长裸眼大口径取心技术钻进，于2016年1月30日钻至井深4 528.90m三开完钻，然后以ϕ216mm取心钻头试取心至4 542.24m，并顺利下入ϕ244.5mm技术套管，下深4 526.37mm。

本段使用了抗高温聚磺氯化钾钻井液体系，在施工中钻井液性能稳定，井内干净，井底基本无掉块，起下钻顺利。顺利穿过了具有强水敏性的紫红色泥岩、凝灰岩地层以及沙河子组的多层易塌煤岩地层。分别在中途（井深3 763.64m）和三开完钻后进行了两次测井作业，测井均顺利，所获测井数据采集齐全。在井深2 921.24m和2 946.70m处发生了两次液动锤公扣断裂导致取心筒掉落井内事故，均一次性打捞成功，为长裸眼连续取心作业创造了有利条件。

3.4.2　抗高温钻井液在四开的应用

本开次主要钻进沙河子组和火石岭组，岩性以泥岩、细砂岩、砂砾岩、凝灰岩、安山岩为主。不同井深位置的岩样矿物组分鉴定结果见表3－10。结果表明，黏土矿物含量在15.55%～46.28%范围内，仍然具有一定的水敏性，长时间高温环境下分散造浆的可能性较大。

表3－10　不同井深处岩心矿物组分鉴定

深度/m	绿泥石/%	伊利石/%	石英/%	长石/%	方解石/%
4512	4.80	20.55	27.66	47	
4850	12.98	29.59	31.72	9.37	16.33
4942	8.61	32.98	41.16	14.70	2.55
5092	18.63	34.38	32.51	14.48	
5187	13.56	15.80	33.98	35.59	1.07
5230	7.62	27.83	39.68	24.86	
5593	7.81	21.88	62.45	7.86	
5650	11.90	34.38	44.13	9.59	
6000	4.01	11.54	28.69	13.39	42.38

主要钻进难点在于：

（1）井底温度高是本开次钻井液性能调控的最大难点，结合三开完井温度，预计四开次完井温度在 210℃左右，实测井底温度为 205℃。

（2）裸眼段长，施工时间长，井壁在钻井液长时间浸泡环境下容易发生失稳。

（3）沙河子组的泥岩、砂岩交互频繁，火石岭组破碎的凝灰岩、泥岩、煤线等地层的防塌难度大。

（4）地层孔隙压力、地层地应力、坍塌压力系数受限于地质资料缺乏而难以掌握，致使钻井液密度控制缺乏依据。

（5）高温使得钻井液材料消耗大，成本增加。

结合有限的地质资料和三开阶段的钻井液使用情况，确定如下钻井液性能调控要点：

（1）地质剖面提示 5700m 深度范围内仍然属于沙河子组地层，钻井液性能调控要点与三开下部相当。

（2）三开阶段使用的聚磺氯化钾钻井液体系抑制性强，防塌效果好，抗高温能力强，可在 5000m 深度范围内继续使用；此后，随着井深进一步增加，在 5600m 深度范围内适当补充抗温能力更强的处理剂以逐步进行钻井液体系的转换，在满足抗温需求的前提下节省成本。

（3）5600m 以下井段基本实现抗 245℃钻井液体系的转换，从而有效应对井底的高温环境。

整个四开钻井液的性能调控，主要是根据井底温度和循环温度的具体情况，通过调整部分抗高温处理剂的种类及加量，采用逐步转换“软着陆”的方式达到性能的最优调控，总体上分为 3 个阶段，即氯化钾聚磺体系→抗高温聚磺体系→超高温钻井液体系，具体见 5.2 节。

钻进至井深 5663m 之后，钻遇长段破碎煤层、泥灰岩、安山岩等地层，在应力的作用下，易发生缩径现象，需多趟钻划眼才能趋于正常，在此段划眼过程中极易产生坍塌掉块，浪费时间较多。根据此现象，钻井液密度分别从 1.22g/cm^3 增加至 1.30g/cm^3，然后添加沥青类等处理剂，适当提高黏切后情况改善。

进入 5700m 后，振动筛处出现较大的气泡，处理剂降解增速，处理剂消耗明显增大。通过增大 Na_2SO_3 的用量，同时加入 2%HCOONa，此时，处理剂降解趋势才出现减缓，然后再增大抗温高分子处理剂用量性能逐渐稳定。

四开于 2016 年 3 月 31 日开钻，于 2016 年 11 月 18 日钻至井深 5 922.58m 完钻，采用 ϕ216mm 金刚石取心钻头进行长裸眼连续取心。顺利完成了测井作业，成功下入 ϕ177.8mm 尾管并悬挂成功，下深 5910m。四开开钻继续使用聚磺氯化钾钻井液体系钻至井深 5000m，然后逐步转换为超高温钻井液体系，满足了井底抗高温的需求。尤其在第 254 取心回次，创造了单筒岩心直径 124mm、岩心长 40.86m 的好成绩。在井深 5800m 之后，分别试验了自制涡轮、绳索、液动锤、转盘动力驱动等不同钻具组合的取心方式，取得了较为珍贵的数据，为五开取心钻进打下了坚实的基础。

3.4.3 抗高温钻井液在五开的应用

五开主要施工地层为火石岭组，岩性以灰绿色英安岩、黑色安山岩、灰色凝灰岩、泥岩为主。结合四开结束时钻进情况，发现火石岭组地层破碎，岩性裂缝发育，多为方解石物填充，且岩石硬度大，不利于钻头破碎。该类地层发生水敏性失稳的风险较低，但是深井段地层压力资料缺失，有发生应力性失稳的可能。最为关键的是，四开完井温度已达205℃，按照相邻地层温度梯度预测，7000m左右井底温度将超过240℃。此时，钻井液抗高温问题极为迫切。

在详细总结四开钻井液使用情况的基础上，结合本开次地层情况、地温梯度、取心工艺等因素，确定了如下钻井液技术难点及要求：

(1) 钻井液应具备极高的抗高温能力。五开段完钻井深多次修改，钻井液将遭受高温的长期作用，对其高温稳定性提出了极高的要求。钻井液体系的转换及性能调控应充分做好技术预案，密切监视钻井液各项性能参数的变化，确保钻井液整体抗温性能满足使用要求。

(2) 良好的润滑与防塌能力。火石岭组岩石硬度高，一旦发生掉块，容易发生卡钻，应充分确保钻井液具备良好的防塌性能以避免发生掉块卡钻，而良好的润滑特性对预防黏附卡钻也具有重要的意义。

(3) 钻井液应具有良好的减阻特性。五开口径为152mm，小井眼深井取心钻进将引起钻井液循环压降增大，起下钻过程中也容易产生较大的压力激动，进而对井壁稳定性产生影响。

(4) 应严格防止钻井液高温增稠和高温减稠现象。钻井液配方中保留个别磺化处理剂，而前期井浆中也残存各类磺化材料，有可能在高温下发生高温增稠甚至胶凝；而高温减稠将引发钻屑及加重材料难以有效悬浮。因此，高温流变曲线上的最低黏切应满足携带钻屑和悬浮重晶石的需要。

(5) 此外，钻井液必须具有较强的抑制能力、抗污染能力、防腐蚀能力，兼容性要好，能保证地质录井、测井资料的录取，利于发现和保护油气层，符合环保要求等。

2017年8月12日4：30进入取心阶段，针对处理事故期间的钻井液性能进行调整，用稀释法降低钻井液固相中的黏土含量，逐步上调钻井液密度至1.45g/cm^3，调整钻井液黏度和切力，降低整个循环通路的压力损耗，使其性能达到利于取心钻进的需要。

6400m后钻井液沉降稳定性出现问题，取出的取心管内筒结垢严重，甚至影响取心进度，经研究决定后针对沉降稳定性的问题从这几个方面进行了处理：添加钠土和凹凸棒土的含量，适当提高钻井液黏切；增加超高温大分子在钻井液中的浓度，加强钻井液体系的护胶能力；用甲酸盐和高温稳定剂增强钻井液的抗温稳定性。经处理后钻井液漏斗黏度从45s提高至70s，终切从4Pa提高至10 Pa，取心内管结垢的现象改善，取心作业正常。

五开钻井液在常规维护处理中采取了以下措施：

(1) 由于井底温度较高，处理剂损耗加剧，日常维护处理主要以胶液的形式加入，聚合物配制浓度一般为1.5%～2%，SPNH胶液浓度一般在2%以内，而沥青类和惰性类处理剂一般以加入干粉的形式加入钻井液中。

(2) 为确保钻井液流变性易于调控，现场首先控制膨润土含量在低限，通过凹凸棒土与提黏型降失水剂和不增黏型降失水剂进行流变性能调控，结合高温老化试验和高温流变性能测试，对钻井液性能进行预判，并结合小样实验确定工程方案。现场将黏土总量大致保持在3%左右，全性能测试基本控制在每个回次做一次。

(3) 火石岭组以安山岩、凝灰岩为主，地层破碎，裂缝发育，且质地较硬，在钻具的扰动下极易发生掉块。一方面，通过加大钻井液密度至1.45g/cm^{3}左右以平衡地层应力；另一方面，充分利用沥青和 Lub－A 的润滑特性，加大其使用量，以增强钻井液的封堵效果和泥皮的润滑能力。

（4）为进一步提高钻井液的润滑特性，改善泥皮质量，现场加大了白油类润滑剂的用量，加量控制在 3%～5%左右。

（5）在井深 6500m 深度实验发现钻井液出现了沉降稳定性问题，施工现场主要表现在取心筒内管结垢严重，对取心及出心作业产生了影响。经过增大增黏型聚合物降失水剂用量、补充膨润土和凹凸棒土等措施，增大黏度、提高切力，改善其沉降稳定性，缓解结垢现象。

本开次泥浆大致采用了如下方案：

（1）5 922.58～6505m 段泥浆配方。1.5%～2%钠土＋0.5%～1%凹凸棒土＋0.1%～0.2%KOH＋0.5%～1%多种高分子聚合物降滤失剂＋0.5%～0.8%中分子量降滤失剂＋3%～5%沥青类＋0.3%～0.5%SPNH＋3%～5%白油＋0.1%～0.2%SP－80＋重晶石粉

辅助处理剂：Soltex、Driscal D、HE－150、Na_2SO_3、缓蚀剂、超细碳酸钙。

（2）6505～7 108.88m 泥浆配方。1.5%～2%钠土＋0.5%～1%凹凸棒土＋0.1%～0.2%KOH＋0.7%～1%高分子量聚合物增黏剂、降滤失剂＋0.3%～0.5%中分子量聚合物降滤失剂＋3%～5%沥青类＋1%～3%超细碳酸钙＋一定量甲酸盐＋1.5%～2%高温稳定剂＋3%～5%白油＋重晶石粉。

辅助处理剂：Span80、Na_2SO_3、杀菌剂、Soltex、Driscal D、HE－150。

钻进至 6505m 时，出现取心管重晶石结垢问题，如图 3－23 所示。

图 3－23　出心时发现重晶石结垢现象

对井浆进行高温流变测试，根据流变曲线判断是钻井液中黏土相已达下限，且该环空区域钻井液未参与循环，长期高温作用导致其中重晶石初步呈现沉降趋势。根据上述情况现场钻井液实验室进行小型调整实验，将凹凸棒土与钠土配合使用；引入研发的高温稳定剂，该处理剂突破常规链状处理剂弊端，经形貌化处理的介观球型聚合物添加剂，能够改善功能化聚合物处理剂与膨润土粒子间的作用；降低钻井液体系的温度敏感性，达到高温稳流特性；

同时引入甲酸盐，提高钻井液的黏度和切力，改善重晶石的悬浮稳定性，逐步转换为超高温甲酸盐-聚合物钻井液体系。该体系室内实验抗温能力达到 250℃。转换期间的高温流变曲线如图 3-24 所示，转换后的井浆抗温性能见表 3-11。

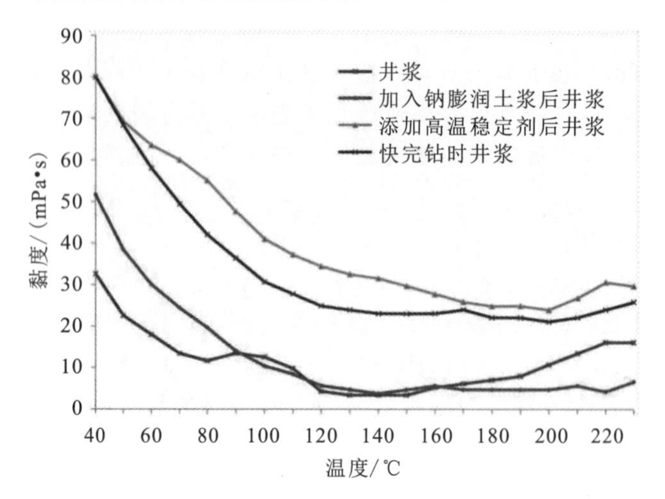

图 3-24 转换前、转换期间、转换后各阶段井浆的高温流变曲线

表 3-11 抗 250℃超高温甲酸盐聚合物钻井液井浆抗温性能

状态	AV/（mPa·s）	PV/（mPa·s）	YP/Pa	G_1/G_2	FL_{HTHP}/mL
热滚前	35.5	25	10.5	2.5/8	—
热滚后	50	25	25	14.5/20	7

注：热滚条件为 250℃×24h，热滚前后均为室温测试数据。

由上述数据和曲线可得知，转换后的钻井液井底高温下仍具有一定的黏度，确保了重晶石在井底的悬浮性。经过高温后钻井液黏度虽然有一定幅度的增长，但是流动性能仍较好；后期进一步评价各处理剂，找出导致井浆增稠的聚合物，现场应用期间以此为依据优化胶液配方，抑制住了继续增稠的趋势，且井口返出的钻井液也具有良好的流动性。后期使用 OFI 的超高温高压流变仪对注水泥前的钻井液进行测试，数据见表 3-12，表明该钻井液在 250℃、不同压力情况下仍具有一定的黏度和切力，而该数据仍能确保对重晶石的悬浮。

表 3-12 松科 2 井井浆不同压力值下 HTHP 流变性对比

测试条件	AV/（mPa·s）	PV/（mPa·s）	YP/Pa	G_1/G_2
50℃&0.1MPa	35	22	13	6/17
250℃&7Mpa	14.8	1.7	13.1	16/18
250℃&30MPa	11.4	5.1	6.3	8/12
250℃&55Mpa	11.9	4.8	7.1	10/11

以上数据均表明该井段抗 250℃创新性甲酸盐-聚合物体系以实验室优化研究为基础，结合现场实际情况进行调整并得到成功应用。

经过增大增黏型聚合物降失水剂加量、补充膨润土和凹凸棒土等措施，将钻井液漏斗黏度从45s提高至70s，终切从6Pa提高至10Pa，使其沉降稳定性得以显著改善，结垢现象得以缓解。

五开于2017年5月5日钻水泥塞，随后处理四开结束时发生的落鱼事故，于8月12日开始恢复正常取心钻进，于2017年10月30日达到原设计井深6400m，随后接到上级指令继续进行取心钻进，完井深度结合地质要求而待定，最终于2018年5月18日达到完钻井深7018m。

本开使用的超高温钻井液体系突出特点是抗温能力强，且具有较强的封堵防塌能力。体系中抗高温聚合物稳定性能好，能有效降低高温滤失量；柔性封堵剂与不同粒径刚性封堵剂配合，能形成致密滤饼，在体系中起着封堵、胶结、防塌的作用，抗盐性润滑剂在有效提高钻井液润滑性的同时还能降低失水量。

3.5　堵漏与深部龟裂硬岩层封固技术

3.5.1　钻井液的高温随钻堵漏

松科2井钻前预测故障提示：在二开和三开都会有漏失发生。实钻中在二开2484～2826m的3个漏层、三开营城组3001～3173m的11个漏层、三开沙河子组3530～3731m的3个漏层较明显地出现了漏浆事件，漏浆量多为3～20m^3，个别高达71.85m^3。泥浆漏失不仅使浆材消耗加大，而且极易引发埋钻、卡钻等井内事故，给探层和环境也会带来负面影响。因此，在钻井工程中必须配套严密的堵漏措施。

钻井液漏失的客观原因是地层中存在着敞通型的裂隙、孔隙、溶隙等。以隙宽尺寸作为衡量指标，将漏失地层分为小漏隙（8mm）和大漏隙（≥8mm）两类。对小漏隙采取随钻堵漏泥浆进行堵漏；对大漏隙则需停钻堵漏，即灌注水泥等浆材固结或下套管隔离。

随钻堵漏泥浆是在泥浆中添加特殊的堵漏剂材料而形成，堵漏材料约占泥浆体积的1%～3%。使用中必须使堵漏剂能够均匀地分散在泥浆体系中，避免其沉降或漂浮。由于是随钻使用，要求随钻堵漏剂的添加不能损坏钻井液的原有性能。要满足这些要求，堵漏剂的材质、密度、尺寸和加量等是选配时必须考虑的关键要素。

对于松科2井，在随钻堵漏浆材料配备方面，根据对已取岩心的观测和钻进中漏浆强度的记录，首先设定预堵孔裂隙的最大尺寸为5mm，且以普通泥浆在6MPa压差下漏失量大于8m^3/d为强、弱漏失的分界线。依此，分别采用粗、细两种随钻堵漏材料体系。

（1）超细碳酸钙+沥青粉体系，用于裂隙通流截面尺寸小于1mm的一般漏浆情况。保持沥青粉与$CaCO_3$的加量均为3%～5%即可实现良好的自堵能力。$CaCO_3$的密度小，约为2.93g/cm^3。借此，松科2井大部分井段的渗漏型漏失均能得到有效控制。

（2）粗粒骨架+纤维体系，用于裂隙通流截面尺寸大于1mm的强漏浆情况。选择堵漏剂，要以其尺寸级配和加量为主要控制因素，同时考虑密度、化学惰性、抗温能力等满足要求性能。首先以“1/3”架桥原理，用尺寸为裂隙截面尺寸1/3的惰性固体颗粒作为快速楔卡骨架，复配以软质纤维（长度为裂缝宽度的2～3倍）作为封塞带，并补充一定的片状（长度约为裂缝宽度的1/2）填充微隙。粒、纤、片三者的相对比例约为3∶2∶1。这些堵漏材料在泥浆中的总加量为1.0%～3.5%，即能保证“后追前”的缝内挤楔桥塞，又能防止加量过多而使泥浆流动性劣化。表 3－15 为堵漏配方实验中选用过的多种剂材。

表 3－15 常用随钻堵漏剂一览表

类型与加量	名称	密度/（g·cm^{-3}）
颗粒状材料 0.7%～1.5%	核桃壳碎粒	1.25
	棉籽核碎粒	0.90～1.10
	黄豆及碎粒	1.00～1.10
	橡胶粒	0.93～0.98
	合成塑料粒	0.90～1.10
	蛭石	0.90～1.20
	硅藻土	1.90～2.30
	沥青	0.95～1.03
	超细碳酸钙	2.70～2.93
纤维状材料 0.5%～1%	锯末	0.40～0.60
	棉纤维	0.30～0.40
	塑料纤维	0.30～0.50
	亚麻纤维	0.50～0.80
	干草	0.20～0.30
	树皮	0.30～0.40
片状材料 0.3%～0.5%	棉籽核皮	0.50～0.80
	云母片	2.70～3.50
	赛璐珞碎片	0.40～0.60
	贝壳碎片	0.80～1.10
	谷壳	1.12～1.44
	麦麸	0.30～0.40
	海带	0.30～0.50

采用 JHB 型高温高压堵漏材料实验仪（图 3－25）对堵漏效果进行对比验证实验，用 5 级

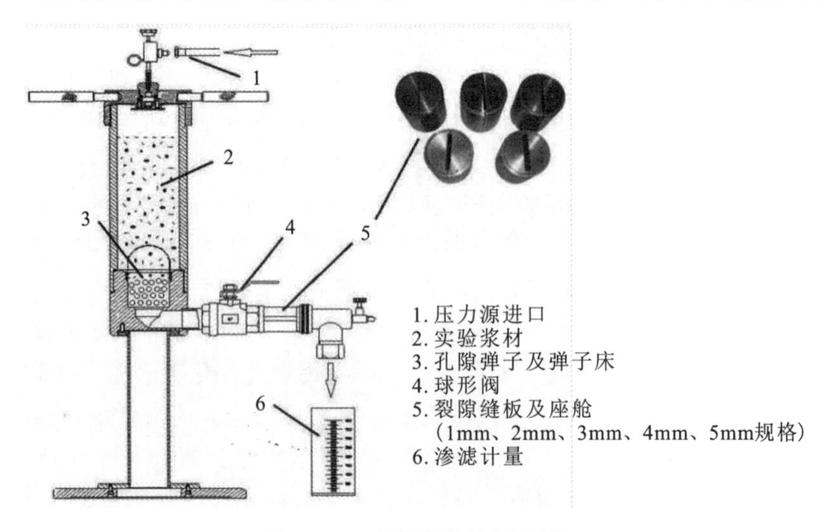

图 3－25 堵漏仪结构原理图

宽度尺寸的金属缝板模拟裂缝，贯通深度为7mm，内壁刻有纤细沟纹以模拟实际地层裂隙面粗糙状况；用1～5mm钢球珠组合模拟不同尺度的孔隙地层。设置温度50～250℃可调，借此对比同一基浆下的多种堵漏剂配方的堵漏效果。基浆性能：表观黏度22mPa·s、切力7Pa、密度1.12g/cm^3。试验结果见表3-16。

表3-16　堵漏实验结果表（设置压差为**6**MPa）

泥浆配比	缝板宽度/mm				
	1	2	3	4	5
基浆	强漏				
基浆+3%超细碳酸钙	微漏	中漏	强漏		
基浆+1%单种骨架粒、无纤维	微漏	微—中漏	中漏	强漏	
基浆+0.6%单种粒+0.6%纤维	不漏	微漏	微—中漏	中漏	强漏
基浆+0.7%级配粒+0.4%纤维	不漏	不漏	不漏	不漏	不漏

对比表3-16中各配方的堵漏结果可以看到：只有按前述原理最终配制的松科2井随钻堵漏泥浆（表中最后一行），在压差为6MPa时才能够可靠封堵住5mm宽的裂缝。它为钻遇局部强漏失地层堵漏提供了有力的技术保障。

3.5.2　深部硬岩龟裂层的封堵固壁

在钻井工程中，呈粒块状破碎且质地坚硬的厚岩层特别难钻，通俗地视之为“在碎石堆里”艰难钻进。这种岩层碎块的尺寸在2～20cm之间，碎块之间几乎没有胶结，碎块本身又十分坚硬。在钻进扰动和岩石块粒自身重力作用下，散体极易向井眼内滑落，造成井壁坍塌及至卡钻埋钻。尤其是深部钻井遇到这样的岩层，由于井底压力控制困难以及固壁水泥在高温高压下的凝结时间和强度难以把握等，处理井眼失稳问题更为棘手。

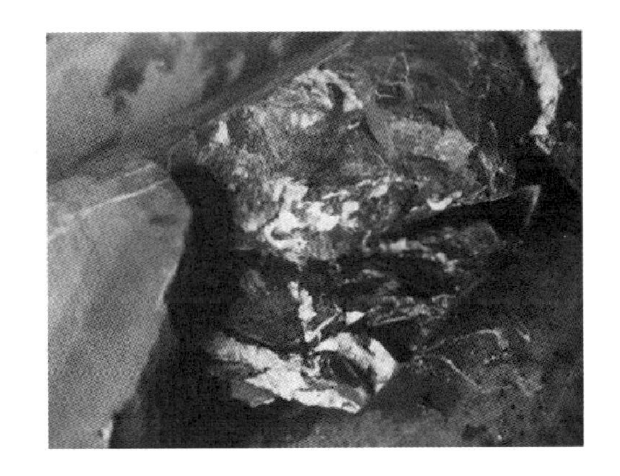
图3-26　岩心散体形貌

松科2井于四开底部开始从沉积岩（砂岩、泥岩、凝灰岩）进入岩浆岩（安山岩、集块岩、流纹岩），岩石力学性质发生很大变化。由于坚硬性和脆/塑比的急剧增大，在遭受压差变动的工况下，自5910m以下呈现严重龟裂的散块状岩体。散块体最小尺寸约在3～5cm之间（图3-26），质地十分坚硬，岩心块体的压入硬度经测试高达2890MPa；龟裂缝隙的宽度经显微测量约在0.5mm以细。由于硬岩块从井壁坍落，钻进时井底别钻严重，扭矩跳动剧烈，提钻明显遇阻。2017年5月初至6月中旬，经重复10余回次钻入，提钻后井底均即被坍垮石块填覆。其间，还被卡死并扭断钻杆。此时井底温度已高达208℃，地层压力高达82MPa。

针对此状，研究以加强泥浆的随钻护壁性能为主要的技术措施，特殊的技术要点是：使泥浆中的抗高温封堵剂快速在近井壁部位建立短距离封堵层环，阻挡较高压力的泥浆深度挤渗入地层网状裂隙中，维持井眼中的泥浆压力适度大于地层压力。这样，井壁上散块所受合力朝向地层内部，抵抗散块向井中移动翻落，从而使井壁达到稳定。有3个关键参数必须严格控制（图3-27）：①井液压强要适度大于地层压力；②这个封堵环层的抗压破（压透）能力要大于井壁正向压差；③封堵环的厚度B必须小于散块尺寸，才能保证缝隙中的压力传递在达到散块末端之前截止，避免超出散块而发生反向回推。

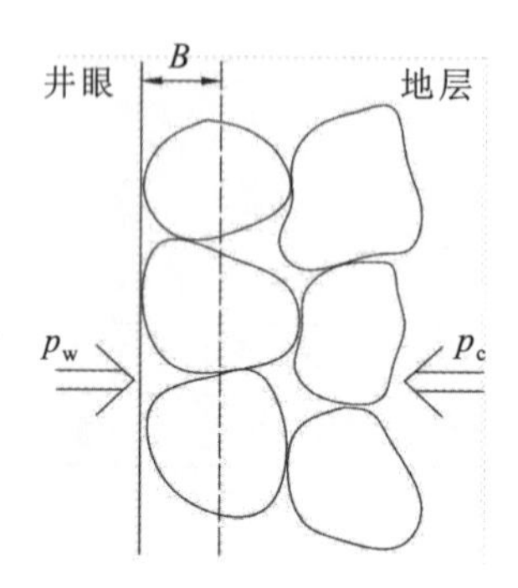

封堵环厚度小于散块尺寸，封堵成功

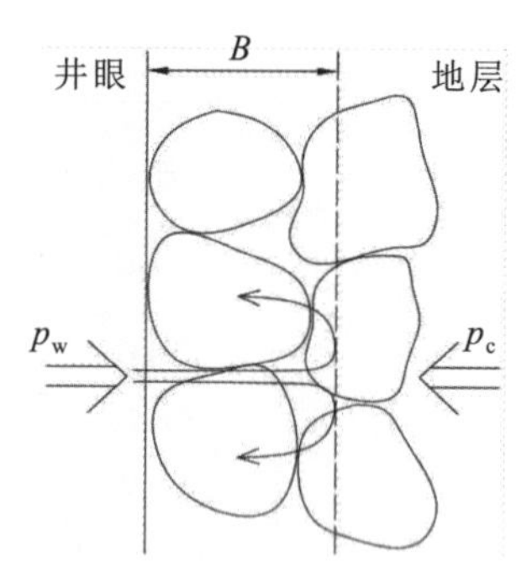

封堵环厚度大于散块尺寸，封堵失败

图3-27　限制封堵环厚度的力学原因示意图

作为稳固井壁的另一措施，采用水泥灌浆以固结井底的散块区段。但是，现阶段的超高温超深井水泥固壁尚属大难度的前沿技术。主要原因是超高温会使水泥浆的凝结速度急增，超深灌注时越难以准确把握和控制凝结时间，极有可能提前凝固而发生重大事故。试验采用成倍加缓凝剂方法来延长水泥可泵期，但因此会使水泥的理想“直角特性”大大减弱，缝隙中的水泥浆需经长时间无扰动才能渐渐凝结强化。显然，对这种工况下的水泥浆体，必须实施对井壁的可靠封堵，以阻挡井浆的刺入破坏，才能保证钻进期间水泥的无扰动凝固。

为实现深部井底高温环境下的有效封堵，对随钻泥浆封堵剂的总体设计是：以硬质骨架颗粒形成裂缝中的主体桥楔体系，以更细的固体微粒填塞骨架之间的微小孔喉，以高温下软化程度适当的悬浮体堵塞尚余的毛细渗流微隙。其目的是以颗粒级配与软质体搭配形成短促封堵。

1. 缝粒桥锁理论与强效封堵机制

首先讨论封堵剂的骨架颗粒在裂缝中的桥楔自锁条件。进入裂缝中的骨架颗粒如图3-28所示，若由每组3个粒径（2r）相等且粒径小于1/2但大于1/3裂缝宽度H的硬质圆球形颗粒呈挤紧状态列布在裂缝中，则骨架颗粒构成的桥塞尺寸的关系为$H/6\leqslant r\leqslant H/4$。

n个这样的桥塞组横向密叠于裂缝中，合成抵抗压差的总阻力。其中，颗粒的半径r最为关键。合适的r才能产生足够的摩擦力以横向推力自锁。施加在中间颗粒上的横向推力p分别通过2个触压点以θ角转换为对上、下颗粒的压力F。由三角函数关系，F力又进一步分解为横向分量$F_1=0.5p\cos\theta$和竖向分量$F_2=0.5p\sin\theta$。F_2即为颗粒对裂缝壁面的正压力。于是，颗粒与缝壁的摩擦力f为

$$f=\mu F_2=\mu\frac{p}{2}\sin\theta \tag{3-2}$$

式中：μ为颗粒与缝壁的摩擦系数，无量纲。

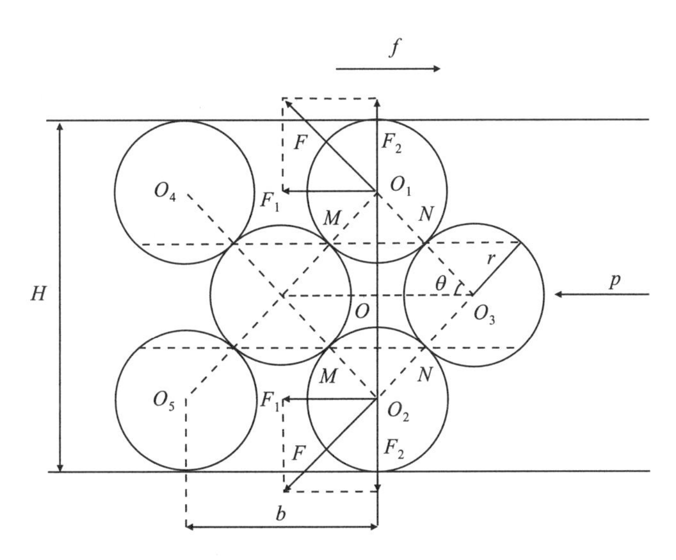

图 3-28　封堵颗粒楔卡模型受力分析图

对松科 2 井实物样品测试，其 $\mu\approx0.16$。

当 θ 角增大到使摩擦力 f 大于或等于横向分量 F_1 时，三颗粒桥组满足自锁条件，即

$$\frac{\cos\theta}{\sin\theta}=\cot\theta\leqslant\mu \tag{3-3}$$

根据图 3-28 的几何关系推导出 $\cot\theta$ 与球粒半径 r 的关系，于是将式（3-3）表达为

$$\cot\theta=\frac{\sqrt{16r^2-(H-2r)^2}}{H-2r}\leqslant\mu \tag{3-4}$$

解出二次方程式（3-4）中的 r，自锁条件即颗粒半径的临界上限最终表达为

$$r\leqslant\frac{(\mu^2+1-2\sqrt{\mu^2+1})H}{2(\mu^2-3)}=r_{\max} \tag{3-5}$$

封堵剂颗粒在锁塞的同时，还要具有足够的抗剪切破坏能力。在材料抗剪强度 τ 一定时，剪切面积 A 的大小决定了抗剪能力 $T=\tau\cdot A$。由几何关系推导可知，桥塞颗粒的 2 个球切面的面积 A 取决于颗粒的尺寸 r

$$A=2\pi r^2\cos^2\theta=\pi\cdot\frac{16r^2-(H-2r)^2}{8} \tag{3-6}$$

r 越大，剪切面积就越大，桥塞体的抗剪能力也就越强。而最大临界粒径 $r_{\max}$ 已由自锁条件式（3-5）确定，将其代换式（3-6）中的 r，就得到单桥组的最大抗剪力为

$$T_{\max}=\tau A_{\max}=\frac{\pi\tau H^2}{8}\left[\frac{3(\mu^2+1-2\sqrt{\mu^2+1})^2}{(\mu^2-3)^2}+\frac{2(\mu^2+1-2\sqrt{\mu^2+1})}{\mu^2-3}-1\right] \tag{3-7}$$

若封堵段两端的压力差 $p=\frac{p}{2r_{\max}H}$给定，则桥组的叠聚数 n 就由 $n\geqslant\frac{2r_{\max}H_p}{T_{\max}}$确定。

每单个桥组的叠置厚度 b 通过图 3-28 中的几何关系可以推导为

$$b=4r\cdot\cos\theta=\sqrt{16r_{\max}^2-(H-2r_{\max})^2} \tag{3-8}$$

因封堵环总厚度 B 为单桥厚度 b 与桥组叠聚数 n 的乘积，于是由式（3-7）和式

(3－8) 得

$$B = b \cdot n = \frac{8pH(\mu^2 + 1 - 2\sqrt{\mu^2 + 1})}{\pi\tau\sqrt{3(\mu^2 + 1 - 2\sqrt{\mu^2 + 1})^2 + 2(\mu^2 + 1 - 2\sqrt{\mu^2 + 1})(\mu^2 - 3) - (\mu^2 - 3)^2}} \tag{3-9}$$

就松科 2 井实况而言，若封堵层两端的压力差 p＝10MPa，缝宽 H＝0.25mm，摩擦系数 μ＝0.16，抗剪强度 τ＝2MPa，代入式（3－9）计算出此时封堵层总厚度 B＝10.1mm。

2. 耐高温封堵剂选型与配方

钻井中常用于封堵裂隙的封堵剂有超细碳酸钙（$CaCO_3$）、纳米二氧化硅（SiO_2）以及兼作加重剂的硫酸钡（$BaSO_4$）等刚性材料，也有沥青类、石蜡类、聚合醇类等柔性材料，还有半刚性的弹性石墨等。其中聚合醇及乳化石蜡类的使用温度有限，所以本书选用耐高温的沥青作为柔性封堵剂。对于刚性封堵剂的选择，则兼效地利用原泥浆配方中的重晶石和超细碳酸钙。它们不仅能耐高温、强度较高，而且颗粒尺寸分布也较适宜。

硫酸钡颗粒的抗剪强度约为 2.0MPa，石灰石颗粒的抗剪强度为 10MPa 左右，均具备了一定的抗破损能力；石灰石煅烧至 900℃才开始发生分解，硫酸钡的熔点更是高达1580℃，均具有良好的高温稳定性，适宜用作高温架桥颗粒。

松科 2 井泥浆固相中的重晶石和超细碳酸钙的含量大。硫酸钡的细度为 325 目，平均颗粒直径为 45μm，其中含有部分更粗大的满足架桥条件的粒径；超细碳酸钙（QS－2 型）为1000 目，平均粒径为 13μm，因而可以兼当填充细粒。用 Rise 型激光粒度仪进行粒度分析，结果如图 3－29 所示，有 7％左右的稍大粒径处于 200～300μm 之间（大粒重晶石为主），其他粒径从 0.5～200μm 呈宽泛分布。这就构成了适宜封堵的骨架和填充颗粒级配。

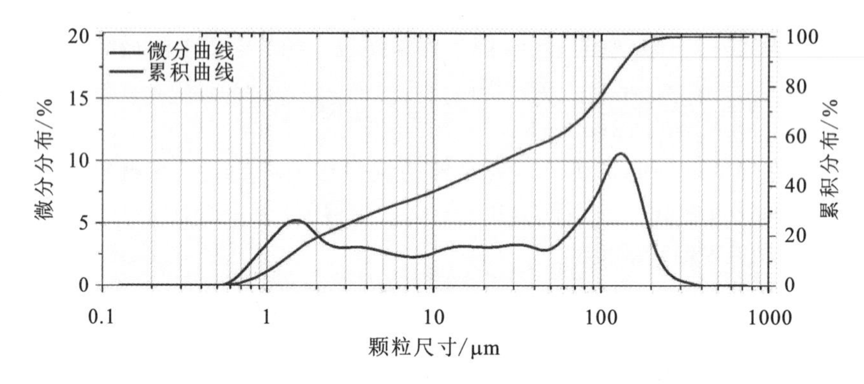

图 3－29　松科 2 井泥浆粒度分布图

耐高温沥青作为进一步密封骨架颗粒之间残余毛细孔喉的柔性封堵剂，其在高温环境下的降滤失特性是最基本的评价指标。先按 4％钠土＋0.1％烧碱＋0.2％降失水剂＋3％稀释剂形成普通降失水基浆，再以 4％分别加入 3 种不同类别的沥青，RHJ－1（乳化沥青）、OFT－1（氧化沥青）和 FT－1（磺化沥青），用 GGS－71 型高温高压失水仪在 180℃×3.5MPa 环境下测试它们的滤失量随时间变化情况。由实测数据验证，3 种沥青类柔性封堵剂均能很快使高温高压失水量比基浆有明显的降低，降低率分别为 56％、44％和 48％。尤其是 RHJ－1 样品，在滤失时间超过 15min 后，滤液量基本不再增加，表现出良好的快速密封能力。

继而，将 RHJ-1 与 QS-2 复配于富含重晶石的井浆中，调整加量进行测试对比，以进一步探究它们的优化浓度比例。将封堵剂总加量设定为 6%，分别按照 4%RHJ-1+2%QS-2，3%RHJ-1+3%QS-2 以及 2%RHJ-1+4%QS-2 的配比进行高温高压失水量测试。结果表明，RHJ-1 与 QS-2 的含量均为 3%时，高温高压失水量相对最低（图 3-30）。

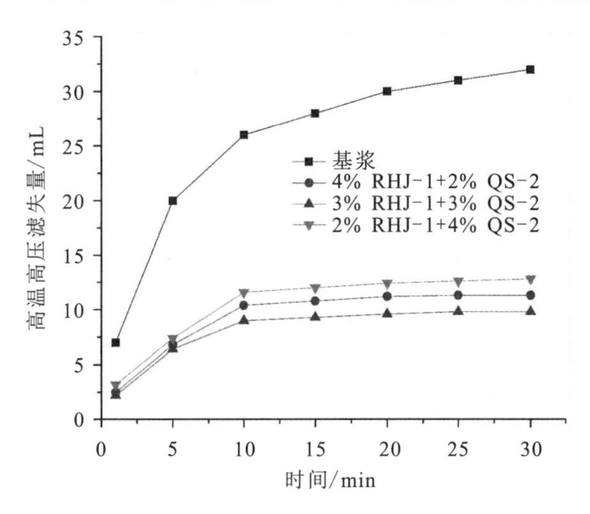

图 3-30　复配封堵剂对高温高压失水量的影响

3. 攻克 5 开龟裂层段的成功应用

借封堵层实现正向压差作用下的外推防塌的同时，还必须防止这种压差超值。如果压差过高，一旦使封堵层厚度超过井壁散块的内端面边界，井液压力就会传递成为散块的一部分推出力而使井壁重新失稳破坏。因此，正向压力差必须控制在一个安全范围以内，其临界值 p_c 的计算公式可由式（3-9）变换后得到

$$p_c = \frac{B_c \pi \tau \sqrt{3(\mu^2 + 1 - 2\sqrt{\mu^2 + 1})^2 + 2(\mu^2 + 1 - 2)}}{8H(\mu^2 + 1 - 2\sqrt{\mu^2})} \tag{3-10}$$

式中，B_c 为封堵层最大临界厚度，等于井壁散块的长度（或宽度）。

按松科 2 井五开段的散块尺寸取 $B_c = 3\text{cm}$，代入式（3-10）计算，可得压差力限值为 $p_c = 29.8\text{MPa}$。

对此限制压差问题，基于理论分析，在实钻作业技术上给予了解决。当原有地层孔隙压力一定时，封堵层的压力差决定于井浆压力，井浆压力的源构和大小又依钻进作业阶段的不同而异。根据松科 2 井钻进实际情况，对不同阶段的井浆压力进行了严格的设计及控制。

（1）非循环泥浆静置期，井底压力等于泥浆的当量密度乘以井深，$p_w = \rho \cdot h \cdot g$。根据松科 2 井已知的井底地层压力 $p_0 = 82\text{MPa}$，设计泥浆密度 $\rho = 1.43\text{g/cm}^3$，即 $p_w = 84.5\text{MPa}$，用以获得基本的正向差压 $p = 2.5\text{MPa} < p_c$。该值明显处于封堵层的安全压差域内。

（2）循环泵送泥浆阶段，井底压力为泥浆静压力 p_w 与泵送循环产生的动摩阻 Δp 之和，此时的正向压差增大。通过在钻井液中复配耐高温流型/流态调节剂和乳化润滑剂，创新应

用“剪切稀释”“降低紊流”和“滑套效应”三项协同减阻机理（见 4.1.2），控制表观黏度 η_a 不超过 45mPa·s，并限制泵排量 $Q \leqslant 6$L/s；取当量井径 $D=180$mm，当量钻杆外径 $d=115$mm；井深 7000m 时的环空阻力计算为 1.48MPa，井底正向压差为 3.98MPa。验证封堵层仍处于安全压差域内。

（3）下入和提出井底粗径钻具阶段，在泥浆静置压力 p_w 的基础上附加了正、负活塞效应压力差 Δp_t。根据流体力学原理推导，提、下钻具时的附加压力差计算公式为

$$\Delta p_t = \pm \frac{48 v \eta_a L_D d_D^2}{(D+d_D)(D-d_D)^2} \tag{3-11}$$

式中：v 为提、下钻具速度（m/s），提钻取“－”，下钻取“＋”；η_a 为泥浆表观黏度（mPa·s）；L_D 为粗径钻具长度（m）；d_D 为粗径钻具外径（mm）；D 为井眼直径（mm）。

松科 2 井五开的 $D=152$mm，$d=139.7$mm，长程取心管长达 $L_D=41$m。为降低附加压力 Δp_t，根据式（3－11），在限制泥浆黏度 η_a（45mPa·s）的同时，于钻进作业中严格限制提、下钻速度（1.7m/s），代入式（3－11）计算，并按 $p=p_w+\Delta p_t-p_0$，得到提、下钻时的正向压差分别为 0.15MPa 和 4.85MPa，也均处于封堵环的安全压差域内。

2017 年 7 月始，松科 2 井泥浆按照上述原理不断进行调整。至 4 次水泥灌注后，在泥浆中补入了充分的超细碳酸钙和重晶石（以实现桥塞）以及甲酸盐（液体加重剂），添加足量的乳化沥青和耐高温降滤失成膜剂（以实现密封），并复配以耐高温聚合物及乳化油（以降低摩阻）。将泥浆密度由原先的不到 1.3g/cm³ 增至 1.43g/cm³；中压失水量降至 2.8mL/30min；漏斗黏度限于 60s 左右。在严格控制提、下钻具速度及回转钻进参数的协同下，确保了井壁稳定，经 20 余天的钻进，别钻扭矩、泵压、遇阻均逐渐减小，至 8 月上旬成功实现大厚度散块井壁稳定（图 3－31）的目标，并在后续的工作中一直保持井眼安全，钻完至最终的 7018m。

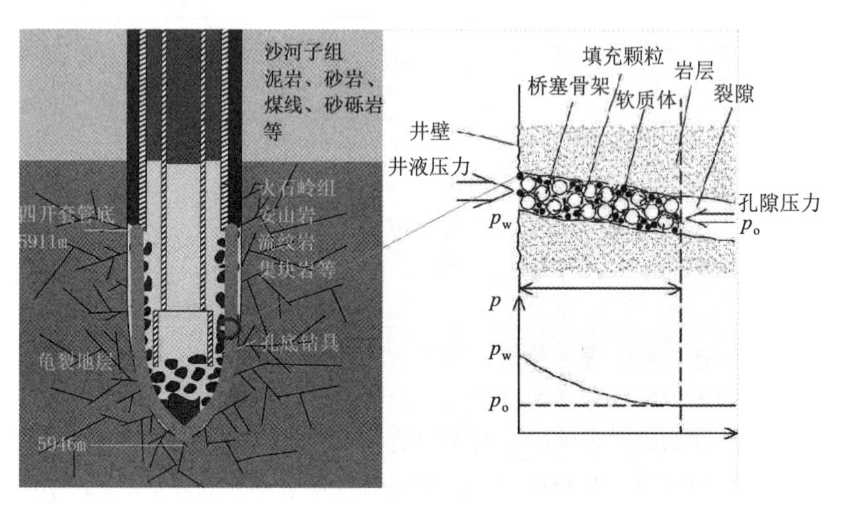

图 3－31　松科 2 井深部龟裂岩体封堵剂泥浆护壁示意图

第 4 章　深钻高温减阻与解泥垢方法

4.1　三项机理协同减阻理论与实践

钻井向着更深发展，钻孔口径与钻深之比大为减小，钻井液循环流动的阻力（摩阻、动压力）也会愈加增大。同时，各种新型钻具（如长程筒和绳索取心、井底动力、井内随钻探测等钻具）更多地在高温深井中应用，因此相较于传统的简单划眼钻井，钻柱环空变得愈发狭小，钻井液循环阻力也会明显加大。循环阻力的增大将给钻井工程带来诸多负面影响。因此，减小深井高温钻井液的流动摩阻是当今专业技术发展的一个重要趋势。

松科 2 井钻井液应用中的一个突出难题是面临很大的循环阻力。这不仅会使泵的负载及耗能加大并威胁管汇安全，更会使井壁承受很大的交变压力差，对井眼稳定十分不利。尤其是松科 2 井在小井眼、超深钻、长筒取心和钻遇复杂地层井段时，这个问题显得十分突出。为了防止井壁失稳破坏和避免钻井事故的发生，严格限制流动摩阻是至关重要的。为此，应该对摩阻进行分析、计算，把握其影响因素，再通过合理研配和调控来降低摩阻，以满足安全钻进的需要。

定性看，钻井液流动摩阻的大小同时取决于 4 个主要影响因素：①循环通道的长度，钻孔越深，压力损失越大；②循环浆液的流变性，循环浆液越黏稠，压力损失越大；③泵量或流速的大小，泵量或流速越大，压力损失越大；④过流断面的截面积，钻井口径、钻杆内通径和环空间隙越小，压力损失越大。从各循环段动压力损失的分配比例来看，钻井液流经地面管汇与井底钻具所产生的摩阻相对很小且量值大致恒定，而绝大部分摩阻都产生在钻杆内和环空中的长程中，并且随井深呈近线性增加。

4.1.1　钻井液循环阻力的建模计算

通过泵送，使钻井液由地面管汇、钻杆内、井底钻具和环空形成循环流动，需要克服前方流道中浆液流动的阻力，即沿着钻井液循环方向形成了由大到小分布的流动压力 Δp。在泥浆泵出口承受的动压力最大，它累积了地面管汇摩阻 Δp_1、钻杆中摩阻 Δp_2、井底钻具摩阻 Δp_3 和环空中摩阻 Δp_4 之总和。

$$\Delta p=\Delta p_1+\Delta p_2+\Delta p_3+\Delta p_4 \tag{4-1}$$

式中：Δp_1 为地面进口段流动阻力；Δp_2 为钻杆内流动阻力；Δp_3 为环空中流动阻力；Δp_4 为地面出口段流动阻力。

对于深井，因地面进、出口段的流动阻力相对很小，可以忽略不计 Δp_1 和 Δp_4。在此只计钻杆内和环空中的 Δp_2 和 Δp_3。在井底部位承受的动压力主要为环空中的摩阻 Δp_3。当开泵循环时，井内任一位置处的总液压力 p_i 要比停止循环时的静液柱压力 $p_{i,w}$ 高出一个 Δp_i。总压力、动压力和静压力三者之间的关系为：$p_i=p_{i,w}+\Delta p_i$。

用解析方法建立摩阻计算公式，首先要根据钻井液的客观流动特征，选定钻井液的流变本构模型。表征钻井液不同流变特性的模型常有牛顿型、宾汉型、幂律型、卡森型和赫巴型等。按不同流变模型计算的动压力结果会有所差异。因受多重变化因素的影响，松科 2 井钻井液的流变模型实际处于不唯一的多变状态。通过流变参数跟踪测试，发现其以宾汉和幂律结合型为主，而在细分散基浆状态下又可简视为牛顿流型。若采用牛顿流变模型，可以推导出层流摩阻计算公式：

钻杆中

$$\Delta p_2 = \frac{8\eta Q}{\pi R^4} \cdot l \tag{4-2}$$

环空中

$$\Delta p_4 = \frac{8\eta Q}{\pi[(r_2^4 - r_1^4) - (r_2^2 - r_1^2)^2/\ln(r_2/r_1)]} \cdot l \tag{4-3}$$

式中：Δp_2、Δp_4 为钻杆、环空动压力（Pa）；Q 为泵量（m^3/s）；η 为黏度（Pa · s）；l 为钻深（m）；R 为钻杆内径（m）；r_1 为钻杆外径（m）；r_2 为井眼或套管内径（m）。

实际钻井条件下往往会发生紊流。紊流状况下，流体质点的运动轨迹产生非主流方向的紊动，消耗大量的无功能量，形成附加的动压力损耗，使摩阻值比层流状况时大 2～4 倍以上，即 $k_r \geqslant 2 \sim 4$。紊流产生的判据是雷诺数 $Re = \rho v L/\mu$（流体密度×平均流速×截面尺寸/流体黏度）。是否大于临界值 Re^*。清水的 $Re^* = 2300$，普通钻井液的 $Re^* \approx 3000 \sim 5000$。以松科 2 井的相关数据计算，其雷诺数一般都大于 3000。

按式（4－2）和式（4－3）（尚未对钻井液进行减阻配方优化），在 5 个开次的不同井身结构、不同钻具组合、不同泥浆黏稠性等条件下测算，动压力数值都非常大。例如在五开 6300m 深时，计算循环动压力值达到 21MPa。可见，松科 2 井由于小井眼、超深钻、长筒取心等而面临着很高的循环泵压，对泵负载、耗能及管汇安全都是非常不利的，更会使井壁承受巨大的压力差而导致软弱井壁段失稳，诱发井内事故。

减阻降压与钻井液的性状密切相关。因此，从钻井液的配方技术上寻求减阻效能，是松科 2 井钻井工艺的一项重要研究任务和目标。必须进一步研究并揭示减小动压力的机理，为从钻井液材料配方上解决高温环境下的流动阻力过大问题提供科学的思路。

4.1.2 三项协同减阻机理及其高温配方

为解决钻井液循环阻力过大的难题，首先要解决好必要的黏度/切力与良好流动性之间的矛盾。经深入运用流体力学和材料分子原理，揭示出钻井液同时可以具有不同的减阻机理，形成剪切稀释、滑套效应、消减紊流的三项协同减阻的理论。这个理论科学地揭示了具有相同表观黏度的钻井液，可以表现出差别很大的流动摩阻，即“三项机制协同减阻”可以使钻井液在保有可观黏性的同时获得显著的可流动性。此套技术所达到的减阻效果的模拟实验验证是通过图 4－1 所示的管路摩阻测试装置来进行的。

1. 剪切稀释作用的影响

非牛顿流体表现出较强的剪切稀释作用，是指随着流动剪切速率 γ 的增加，流层间摩擦应力 τ 的增幅减小的特性。利用这种特性，使流动阻力在泵量发生较大改变时变化较小，保持平稳；尤其在大泵量情况下，泵压值并不会过高。为了提高剪切稀释作用，应该增大钻井液的动塑比 τ_d/η_p 并降低流型指数 n，形成具有明显非牛顿流变性的流型模式。

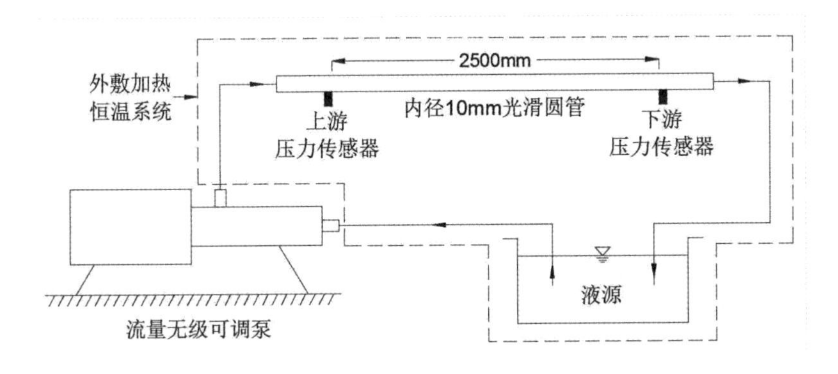

图 4-1　泥浆摩阻管路测试装置原理图

$$\tau=\tau_d+\eta_P\gamma^n \tag{4-4}$$

式中：τ 为剪切应力（Pa）；τ_d 为动切力（Pa）；η_P 为塑性黏度（Pa·s）；γ 为剪切速率（s^{-1}）。

论据：根据流体力学原理，可以推导出宾汉流体在圆形管道内流动时的泵量 Q 与单位摩阻 dp/dl 的关系为

$$Q=\frac{\pi}{8\eta_P}\frac{dp}{dl}\left[R^4-\left(\frac{2\tau_d dl}{dp}\right)^4\right]-\frac{\pi\tau_d}{3\eta_P}\left[R^3-\left(\frac{2\tau_d dl}{dp}\right)^3\right] \tag{4-5}$$

式中：R 为过流横截面半径（m），对于钻杆，取杆钻内半径；对于环空，简化取当量半径 $R=\sqrt{R_1^2-R_0^2}$，R_1 为井眼半径（m），R_0 为外事杆外半径（m）。

对式（4-5），可以进一步用解析方法求解出 dp/dl 的显函数。但因该解析解的表达过于繁杂，所以在此采用计算机编程来直接获得式（4-5）的 $dp/dl-Q$ 对应数据列，通过程序反查来得到 dp/dl 的具体数值。并将此 dp/dl 的显函数的简意通式表述为

$$dp/dl=F(Q,\tau_d,\eta_P,R) \tag{4-6}$$

以在同一环空中流动为例，将普通牛顿流型钻井液的摩阻变化按式（4-3）计算，将宾汉流型钻井液的摩阻变化按式（4-5）对应程序计算，分别得到的结果见图 4-2。

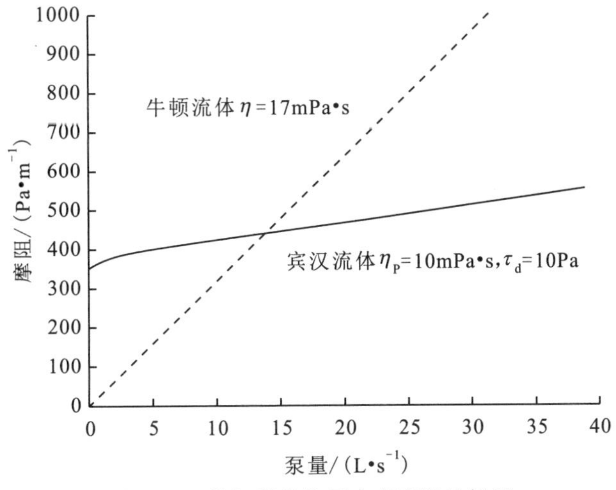

图 4-2　剪切稀释作用改变摩阻示例图

对比图 4-2 中 2 条曲线可见，在表观黏度近似相等的同比条件下，大泵量高速流动时，动塑比较大的宾汉流体的摩阻明显低于牛顿流体（动塑比为 0）的摩阻。

另外，非牛顿的幂律流型也具有剪切稀释作用。理论上分析是其流型指数 n（$0<n\leqslant1$）决定了剪切稀释作用的强弱。n 越小，剪切稀释作用越强。

松科 2 井在钻井液配方选材上，将耐高温线性大分子、可柔缩聚合物以及可变形微珠材料溶散于水中，且部分与复合黏土粉形成适度絮凝结构，即能够形成高 τ_d/η_P 比值且低 n 值的水基钻井液，从而实现强剪切稀释作用。对 10 余种耐高温大分子聚合物进行筛选，找出较低 n 值（$n\leqslant0.75$）的线型胶溶液。其中，降低 n 值的材料作用原理在于（图 4-3）：随着剪切速率的增大，线性大分子更多地顺向流动；多分枝柔性聚合物产生显著的“伞收”效应；软质微珠被进一步拉伸变细，从而能自动降低摩擦应力的增幅，减小高剪切速率下的流动摩阻。

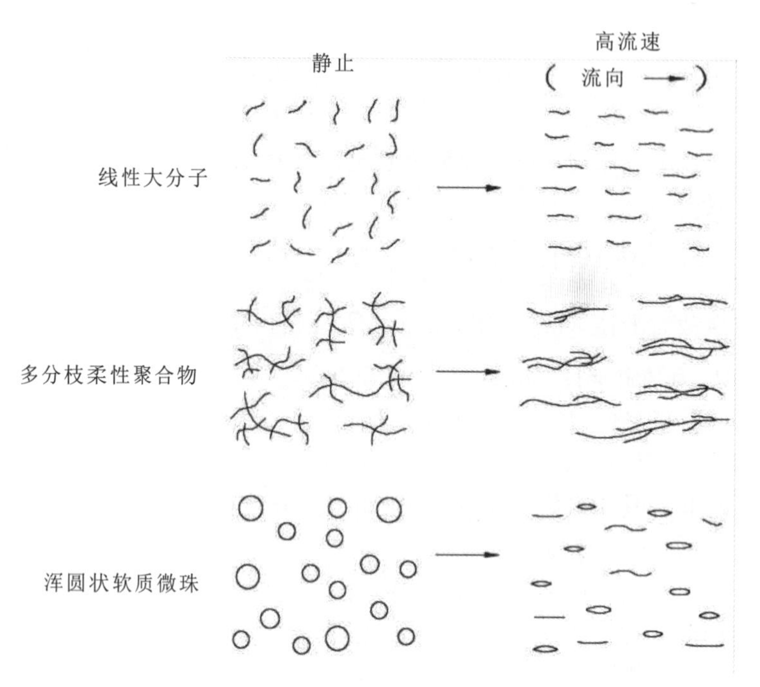

图 4-3　钻井液剪切稀释材料作用机理图

2. 润滑系数的影响

润滑性强的流体在固体壁面将产生较大滑移，即流体在壁面上的速度不再为零。这个滑移流速的产生将会消减一部分流动阻力。许多研究已经证实，液体能否在固体壁面上发生“滑移”，取决于液体分子与固体表面分子的亲和力。进一步说，是取决于液体分子的内聚力和液体在固体壁面的附着力。当附着力大于内聚力时，不会发生滑移；当附着力小于内聚力时，则会发生滑移。

一旦发生滑移，钻井液流在钻杆中就类似于滑柱体，在环空中类似于滑环体，均作部分整体运动，构成牵连流速。总泵量则由相对流量和牵连流量叠加。相对流量消耗动压差，而牵连流量的消耗为零。因此，钻井液润滑性越强，牵连流量占比越大而相对流量占比越小，即消耗的动压差就越小。

根据上述理论分析做出计算并进行流动阻力实验验证，钻井液的流动阻力与润滑系数之间呈正比关系。例如在完全相同的管道中做等流量试验，不加润滑剂的普通钻井液的润滑系数 μ 为 0.35，其流动阻力测得为 1000Pa；松科 2 井加入高效润滑剂的钻井液的润滑系数 μ 可降低到 0.10，其流动阻力测得仅为 325Pa，相比较降低了 3 倍多。借此，在松科 2 井循环阻力计算中，由于润滑减阻剂的添加，其流动阻力计算公式乘以一个润动系数 k_L：

$$k_L=\frac{\mu}{0.35} \tag{4-7}$$

松科 2 井钻井液的强润滑性的实现，是遴选以白油（5#）及其耐高温乳化剂（司盘 80）为主进行钻井液处理的。经正交实验，两者在钻井液中的加量分别仅为 0.35%和 0.06%就使润滑性可达最优。这时钻井液的润滑系数为 0.07～0.10，乳化微粒在高温下也能分散稳定（油粒不大于 0.1μm），对钻井液的其他性能没有负面影响。

3. 紊流强度的影响与抑制

雷诺数（Re）表征紊流强弱，是区分层流与紊流的理论判据。层流时，液体质点顺流而互不掺混，仅存在流层间的黏滞切应力，沿程损失仅与流速的一次方成正比。紊流时，流体质点无规则颤振、相互掺混并发生涡旋，流体在非流动方向上产生大量的紊动，无功消耗能量，流动阻力比层流时明显增加。紊流中除了黏滞切应力外，还增加了紊流附加雷诺切应力，充分紊流的沿程损失与流速的二次方成正比。研究表明，充分紊流时的流动阻力比层流时要高 4 倍以上。

为解决紊流加剧循环阻力的难题，在松科 2 井泥浆中加入减震型分子材料（缓冲剂），可以吸收紊流质点尖锐的震颤，缓解涡旋的形成，抑制紊流发展。例如复合型抗高温聚合物是具有杂多分枝的水溶性柔链聚合物，顺着主流方向会展成类似伞收形的结构。对于紊动质点的横向冲挤，其分枝“伞翼”弹性收拢，缓冲并阻滞无规折曲的蔓延，降低横向耗能带来的无功损失，机理如图 4-4 所示。

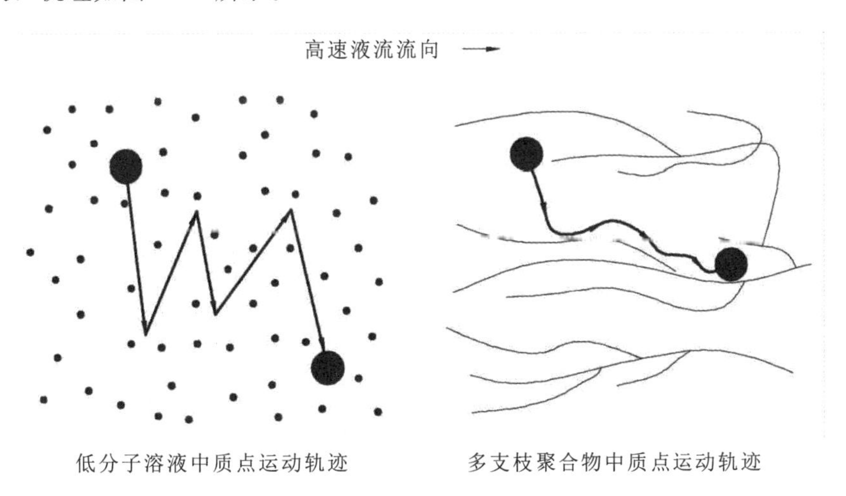

图 4-4　减震型分子材料抑制紊流机理示意图

采用 0.4%的大分子缓冲剂水溶液（η=5mPa·s）与纯水（η=1mPa·s）进行相同尺

寸管道等条件的流动阻力测试对比，主要测试数据及其分析结果见表 4－1。

表 4－1　流动阻力模拟测试数据对比表（平均流速 v=6.3m/s）

溶液品种	黏度/（mPa·s）	实测流动阻力/kPa	按层流计算流动阻力/kPa	参考雷诺数	流态判断
纯水	1.07	15.41	3.52	63 690	充分紊流
缓冲剂溶液	5.00	14.66	12.7	12 740	准层流

分析表 4－1 数据可得如下结论：

（1）清水的雷诺数已远大于临界雷诺数，因而发生充分紊流，其流动阻力比层流时要大 4 倍，已不能按层流计算。

（2）虽然大分子溶液的黏度比清水高 5 倍，但其实测阻力却与清水的相当，且与按层流计算的结果接近。可以认为此时还处于层流状态，所以流动阻力较小。

（3）按参考雷诺数计算的结果，大分子溶液也在一定程度上超过理论临界雷诺数，但其流动阻力却较小（近于层流的）。这是伞收和缓冲效应遏制了紊流的发生，使实际临界雷诺数后移。

（4）流体黏度加大会增加黏滞阻力，但也可以降低雷诺数而减小紊流阻力。应优化确定最佳黏度值，使综合后的流动阻力达到最小。

此外，松科 2 井钻井液的顺流自动调向的线型大分子也具有一定的扼制质点横向冲挤的作用；可弹变的软珠也具有吸收震颤的效能。二者也可兼用来进一步降低紊流强度。综上所述，可将松科 2 井的紊流强度显著遏制，由传统钻井液的 k_T=3.0 以上降低为

$$k_T=1.1\sim1.8 \tag{4-8}$$

4.1.3　循环减阻现场应用的凸显效能

在松科 2 井钻井液配方中，将以上剪切稀释、滑体效应、遏制紊流三项机制共同发挥减阻作用。采用这套泥浆体系钻进，循环泵压明显减小。量化计算上，将式（4－6）乘以 k_L 和 k_T，构建出能够准确计算松科 2 井高减阻率循环动压力的计算公式：

$$\mathrm{d}p/\mathrm{d}l=k_L k_T F(\theta,\ \tau_d,\ \eta_P,\ R) \tag{4-9}$$

以上两式中的流变系数 k_n、滑动系数 k_L 和紊流系数 k_T 的值，由各开次的钻井液配方分别调整决定，取代式（4－2）和式（4－3）中的综合系数 k。在松科 2 井现场配浆的实际应用中，一开、二开的井深较浅、口径大，循环阻力不高，因此采用传统泥浆配方，3 个摩阻系数都较大。三开、四开特别是五开的井深大、口径小，循环阻力大，因此加强了钻井液减阻材料的优配，使 3 个摩阻系数都有明显降低。

将松科 2 井 5 个开次的代表性泵压记录于表 4－2，按式（4－9）计算的理论值和按式（4－2）、式（4－3）计算的传统钻井液的循环阻力估算值也列于表中。对比可以看出：松科 2 井三项协同减阻钻井液将循环摩阻降低到传统的 1/3 左右，解决了长程小井眼取心钻进的一大难题；同时，新理论及其计算公式也得到实践的验证，与实钻记录的泵压吻合度较高。

表 4－2　松科 2 井循环阻力（泵压）实测/计算/对比表

开次	钻杆直径内外/(mm/mm)	井径/mm	钻进深度/m	泥浆黏度/(mPa·s)	循环泵量/(L·s^{-1})	钻具压降/MPa	接头损耗/MPa	实测总泵压/MPa	计算钻杆压降/MPa	计算环空压降/MPa	计算总泵压/MPa	计算传统泵压/MPa
一	112/139	660	390	68	64.0	0.86	0.2	10.0	8.51	0.12	8.90	8.95
二上	112/139	216	2634	38	28.0	0.86	0.55	8.7	2.70	4.07	8.18	16.7
二下	112/139	445	2760	60	62.0	0.12	0.2	14.2	14.8	0.21	15.3	16.5
三	112/139	311	4380	45	29.0	5.3＋0.86	0.55	17.5	7.85	0.82	15.4	20.6
四	112/139	216	5810	32	24.5	4.8＋0.86	0.55	14.5	3.33	5.01	14.6	24.5
五上	112/139＋70/89	220 152	4528＋1490	28	15.2	4.0＋1.98	0.95	13.5	3.20	2.71	12.8	28.0
五下	112/139＋70/89	220 152	4528＋2052	28	5.38	0＋1.10	0.43	4.5	1.55	1.30	4.38	16.0

4.2　深钻耐高温润滑冷却剂应用

为增强钻井液和泥饼的润滑能力，常通过在钻井液中添加钻井液润滑剂，降低钻柱与泥饼、地层或钻井液流体之间的摩擦阻力和钻柱旋转时的扭矩及起下钻阻力，从而提高钻井效率，降低卡钻风险。通常，加入 1%的润滑剂即可减少 20%的扭矩。在深部钻井过程中，钻井液的润滑性更为重要。一是随着井深的增大，钻具和井壁的接触面积增大，摩阻和扭矩更大，设备功耗增大、机械钻速降低，还在一定程度上增加了起、下钻的难度。二是为了钻井安全，深井多采用高密度钻井液，其钻井液固相含量、密度的必然增加，钻井液的黏度、切力、滤失量也会随之增大，钻井液的润滑性能也会相应变差，由于高密度钻井液的这些特点(高密度、高固相含量)，一般润滑剂不能有效发挥润滑作用，适合高温高密度水基钻井液用的润滑剂更少。对于松科 2 井而言，钻井液润滑性是极其重要的性能指标。

4.2.1　润滑原理与润滑剂

钻井过程的润滑性涉及钻柱、套管、地层、井壁泥饼表面的粗糙度、接触表面的塑性、井壁泥饼的润滑性、井下流体黏度及润滑性、井斜角、钻柱质量、静态与动态滤失效应等。为了改善钻井液润滑性能，需要加入润滑剂，如在水基钻井液中通常是将液体润滑剂与固体润滑剂混合使用，以增加钻井液润滑性。在油基钻井液中增加油水比，或将液体原油和固体塑料小球组合后，起到较好的润滑防卡效果。钻井液对钻柱系统和钻头的润滑与摩擦系数 f 相关，摩擦系数 f 可由极限压力润滑仪直接测出。表 4－3 为不同环境条件下的钻井液润滑系数示例。

表 4－3　不同环境条件下的钻井液润滑系数示例

水基钻井液		油基钻井液	
套管内	裸眼	套管内	裸眼
0.35	0.25	0.20	0.15
0.40	0.35	0.30	0.28
0.30	0.35	0.20	0.30

目前国内外使用较多的液体润滑剂包括矿物油和天然动植物油的改性物。传统的矿物油润滑剂具有价格低廉的优势，但是有对环境污染大、荧光级别高、严重干扰录井作业等缺点。在钻井液中直接加入原油或植物油，虽短时间内能解决润滑问题，但经过一段时间的循环后，润滑效果下降，且环境污染严重。优异的钻井液润滑剂应具有如下几个特性：高黏度、润滑膜强度高、低腐蚀性、低倾点、不易燃、溶解性强、抗高温及氧化能力强、无毒无害、与钻井液配伍性良好（不影响钻井液流变性、滤失量等）、不使钻井液起泡、荧光效应弱等。

钻井液润滑剂总体上可以分为惰性固态润滑剂和液态润滑剂两大类，润滑剂向从单组分到多组分的复配，从液体类到固体类方向发展。但从目前水基钻井液润滑剂的发展现状来看，对环境污染严重且具有荧光效应的原油、柴油类传统润滑剂正在不断被淘汰，绿色低毒的环保型润滑剂已成为主要发展趋势。特别是高温、高矿化度、高密度（简称“三高”）对钻井液润滑剂提出了更高的要求，其主要要求是环保无毒、无或低荧光、不影响录井、易降解、对钻井液流变性影响较小、不起泡，使钻井液有较高的抗温和抗盐能力。

国内外使用的钻井液润滑剂有170多种，约占钻井液处理剂总量的6%。惰性固态润滑剂主要有石墨、炭球、塑料小球等。固态润滑剂的工作原理与球轴承类似，它们像滚珠一样存在于钻具与井壁之间，将滑动摩擦变为滚动摩擦，大幅度降低扭矩和阻力。但惰性固体类润滑剂由于尺寸原因，在使用过程中很容易被钻井液固控设备所清除，而且通常难以降解，容易造成环境污染和储层损害，因此使用受到一定限制。目前润滑剂以液态润滑剂为主，且大多与表面活性剂有关。液体润滑剂尽管存在影响钻井液流变性、易起泡、易消耗等缺点，钻井液起泡后会降低钻井液密度，导致井喷、井壁坍塌等事故，但这些问题可以通过适当的手段缓解或克服。

液体润滑剂主要包括矿物油、沥青、柴油、原油等物质。但因为污染环境，现已逐步被对环境友好类润滑剂取代，如脂肪酸、有机酯类物质、植物油、生物润滑剂以及表面活性剂等。一般液体润滑剂均存在某些难以弥补的缺陷，如植物油较差的氧化稳定性和水解稳定性，精制矿物油和聚α-烯烃（PAO）较差的生物降解性和润滑性。从润滑性、抗温性和环保性综合考虑，推荐使用以下几种润滑剂：①表面活性剂和矿物油作为主要原料合成的润滑剂，如OCL—RQ、OCL—RH、Glub等；②聚醚（多元醇）润滑剂，如SYT2-2、聚醚润滑剂JMR-2、有机硅改性聚合多元醇润滑剂Silicon；③改性膨润土固体润滑剂等。

在环保型液体润滑剂当中，合成脂肪酸酯类的发展潜力最大。合成酯类润滑剂不仅具有优异的润滑和环保性能，而且热氧化稳定性、水解稳定性和低温流动性均较好，且能通过对分子结构的优化设计而使其性能得到进一步改善，因此，合成脂肪酸酯类润滑剂具有目前最广阔的应用前景，将成为当代水基钻井液润滑剂的发展方向与研发目标。相比较于矿物油或其他一些传统润滑剂，合成酯类润滑剂的成本较高。为降本增效，可以把合成酯类润滑剂与成本相对低廉的精制矿物油或聚α-烯烃进行复配使用。

由于环保要求，水基钻井液润滑剂日益受到重视。水基润滑剂一般为聚醚型、聚合醇和多元醇型的，是近几年应用比较广泛的一种环保型润滑剂，它们有很好的润滑性和抑制黏土水化分散的能力，与各种钻井液体系的配伍性好，但起泡较严重，一般的消泡剂无法很好地解决这类处理剂起泡的问题。

针对油基润滑剂环保性差和常规的水基润滑剂持效性差、起泡严重、不抗温等问题，罗春芝和王越之（2010）在室内研制出一种低荧光抗高温润滑剂 NMR。NMR 是一种含有纳米级高分子材料和 S、P 活性元素的润滑剂。其性能评价表明，该剂在膨润土浆中加量为 2%时极压润滑系数降低率在 80%以上；在现场聚合物钻井液中降低率为 60%以上，而且润滑持效性好；抗温为 180℃；对钻井液流变性无影响，略降失水，不起泡，与常用的正电胶钻井液、聚合物钻井液、磺化钻井液的配伍性好。

目前，水基钻井液中常用的液体润滑剂主要通过在钻具及井壁表面吸附，形成致密的润滑膜从而起到润滑作用，但其在高温下易脱附或高温降解，润滑作用降低。单锴、邱正松等（2020）研制了一种高温、高矿化度、高密度钻井液润滑剂 SDR－1。评价结果表明，润滑剂 SDR－1 抗温达 200℃，在饱和盐水基浆及含 6000mg/L 钙的饱和盐水基浆中润滑系数降低率均大于 80%，沉降稳定性好，荧光级别小于 3 级。为了验证高温润滑性，采用对比试验的方法，将 SDR－1 与国内抗温性能较好的 4 种润滑剂 LUB－1、LUB－2、LUB－3、LUB－4 以及一种国外的高效润滑剂 HLU 进行了对比评价。当润滑剂加量均为 0.5%时，淡水实验浆经 200℃、16h 热滚后的润滑系数降低率如图 4－5 所示，结果表明润滑剂 SDR－1在淡水基浆中的润滑系数降低率为 83.51%，优于其他 5 种润滑剂。

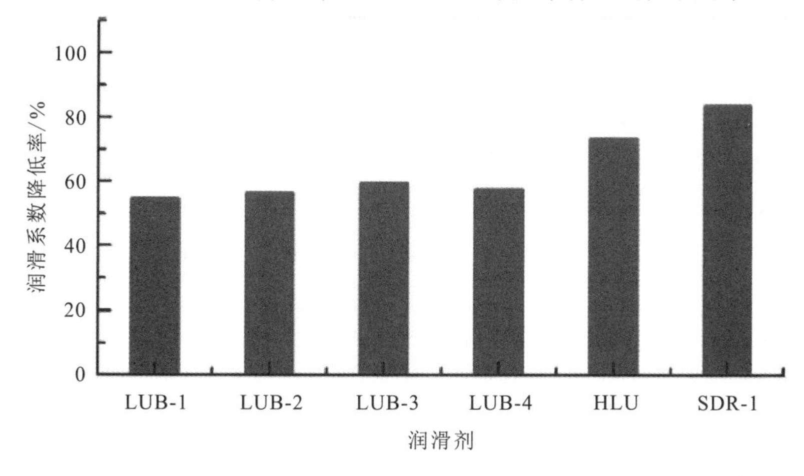

图 4－5　国内外抗高温润滑剂对比评价实验

从使用成本出发，混油水基钻井液还是目前普遍采用的润滑类钻井液类型，钻进时常混入 5%～20%原油，但考虑到环保因素，松科 2 井采用以白油为基础油的钻井液润滑剂，白油是由石油的润滑油馏分经脱蜡、加氢精制和化学精制而成的液体油品，白油常用于化纤纺织、合成纤维的集束、平滑、精纺及变形工艺和棉纺、缝纫等机械的润滑、防腐等。白油因无毒、无味、荧光级别低，不影响地质荧光录井，也常被用作钻井液润滑剂。为适用于高温环境，乳化油由耐高温的 5 号白油和非离子型表面活性剂（OP－10）组成。作为表面活性剂，如果选择不当，往往引起多种问题：①导致钻井液起泡，须加大量的消泡剂处理；②引起钻井液黏度、切力升高，不利于钻井液现场维护；③乳化剂抗盐、抗钙不理想，钻井液不稳定；④润滑剂极压膜强度低，难以满足高压力要求；⑤对环境有不良影响等。

松科 2 井复配的 5 号白油和非离子型表面活性剂（OP－10）经高温下实验表明，二者结合的亲水亲油平衡值 HLB=4～7，处于较佳的乳化区间，因此大大降低了油水之间的表面张力，遏制了油微珠之间的吸附合并趋势，形成稳定的乳化泥浆体系。图 4－6 示意了具

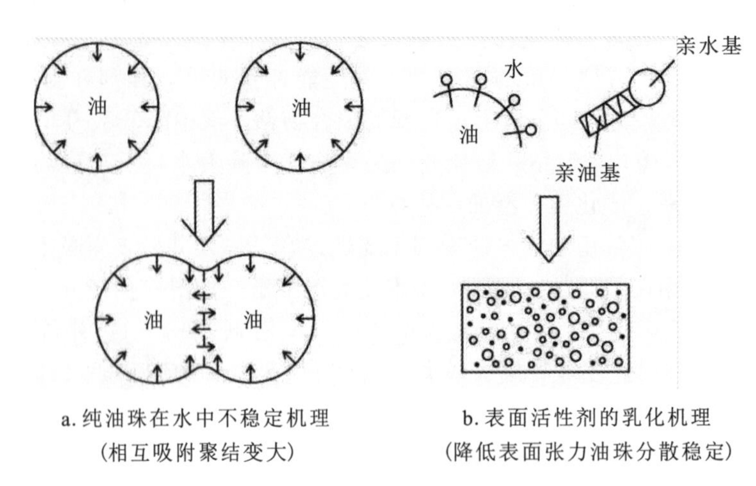

图 4-6 乳化分散稳定机理

有亲水基和亲油基的表面活性剂起到了稳定分散微细油珠的原理。

乳化后的油以极微细珠粒（小于 1μm）密集、均匀地分布在泥浆体系中，油相分散使比表面积增大 106 倍以上。在泥浆中只需掺入 2‰～4‰，即可达到纯油润滑性的 90%，摩擦系数由传统泥浆的 0.35 降低到 0.12（实验数据见表 4-4），且乳化油总含量甚微的泥浆体系的导（散）热率可进一步提高。因此，钻头碎岩产生的温度明显降低，非常有利于减少钻头磨损、避免烧钻和提高钻速。

表 4-4 乳化油加量与润滑系数关系实验数据

乳化油加量/‰	0	1	2	3	4	5	6
摩擦系数测值	0.32	0.21	0.14	0.10	0.09	0.08	0.08

考虑油水比例、HLB 值、乳化剂加量 3 个因素，通过单一变量实验方法并进行综合，优选出最佳乳化油配方，油水剂比例为 5∶5∶1，乳化油在泥浆中的加量为 0.3%左右，最佳 HLB 值为 5.5。

乳化油的甚微加量对泥浆体系的其他性能没有负面影响，部分指标（如减阻、润滑钻杆、泥饼质量、抑制性、抗温能力等）还有所提升。

4.2.2 润滑性评价方法

为精准地评价钻井液的润滑性，主要测试极压润滑系数、泥饼黏滞系数、泥饼黏附系数、泥饼质量、抗磨性能等指标。仪器包括 FANN 21200 型极压润滑仪及同类产品、NZ-3A 型泥饼黏滞系数测定仪、NF-2 型泥饼黏附系数测定仪、SD-4 型多联中压失水仪、GGS42-2 型 HTHP 高温高压滤失仪、神州 KMY201-1A 型抗磨试验机、S-4800 型扫描电镜分析仪、OFI-5 轴高温滚子加热炉等。

1. 极压润滑系数的测定方法

如 EP-2 型极压润滑仪（图 4-7）的基本原理为，通过直流电机带动钢环旋转，给特制的摩擦块施加一定的扭矩，使得钢环与摩擦块在一定压力下密切接触并发生动摩擦，此时，由直流电机的电流读数来确定二者间的摩擦系数。该仪器的主要组成包括电机系统（带动刚转轴转动）、标准滑块及其支撑结构、扭矩扳手（施加扭矩确保滑块与钢环贴合紧密）、数显面板、浆杯及其支撑结构等。

图4-7　EP-2型极限压力润滑仪

参照中国石油化工集团公司企业标准《水基钻井液用润滑剂技术要求》（Q/SHCG 4—2011）。按配方配制待测钻井液，10 000r/min搅拌20min；若高温滚动冷却后取出，10 000r/min搅拌5min，后同。提前预热极压润滑仪20min；上旋钮Zero档调节扭矩为0，下旋钮Speed档，调节转速为60r/min（LUC处）；向样品杯加入一定量水，放在落下的样品杯架上，提起样品架直到持器和实验环浸没在待测液中，将扭矩臂放置于夹子凹槽处；加上16.95N·m（150in-lb）的扭矩，让机器旋转3～5min，记下表盘读数，若表盘读数为32～36，说明滑块可用，否则，应用磨砂研磨滑块；也可校正，校正系数=34/清水表盘读数（28～48），34为水的基准数据，对应清水的摩擦系数0.34。此时，钻井液的极压润滑系数=表盘读数×校正系数/100。由于不同品牌的极压润滑仪误差较大，评价钻井液极压润滑系数最好用同一仪器。

2. 泥饼黏滞系数

待测钻井液测试7.5min中压失水，取出泥饼。开启泥饼黏滞系数测定仪电源开关，调节滑板水平位，按下清零按钮；将泥饼平放在滑板上，将滑块轻放在泥饼上，压实1min；开启传动机电机，使滑板缓慢翻转，当滑块开始滑动时，立即关闭开关，记录其翻转角度。泥饼黏滞系数为角度的正切，其中，角度为滑板翻转角度。

3. 泥饼黏附系数

黏附系数仪是为表征钻井液的泥饼摩阻系数的仪器。钻井过程中，钻井液在压差作用下于井壁上形成一定厚度和强度的泥皮，停钻时钻具与井壁发生接触，在压差作用下，钻具与泥皮间的接触面积逐渐增加，严重时有可能二者之间的黏滞力超过钻机回转钻杆的动力，此时便发生了黏附卡钻。该仪器也可用来测试钻头泥包状况。黏附系数仪的外观如1.3节中的图1-9所示。

它的基本组成包括钻井液浆杯、黏附盘、气源及管线、密封垫圈、扭力扳手等。参照中国石油化工集团公司企业标准《水基钻井液用润滑剂技术要求》（Q/SHCG 4—2011），检查泥饼黏附系数测定仪气源、管汇、压力表等的安全可靠性。在泥浆杯上放好滤纸、橡胶圈和尼龙圈，用“U”形扳手将滤网压圈压在尼龙圈旋紧，下连通阀杆旋入泥浆杯底拧紧，将杯子放入支架；将待测液倒入泥浆杯刻度线（约240mL），安装杯盖，并用加压杆和勾头扳手旋紧，装上连通阀杆、三通、销子，拧紧上连通阀杆；调节气源输出压力为3.5MPa，打开上连通阀杆，将20mL量筒置于下方，打开下连通阀杆，滤失30min；将气压筒装入泥浆杯盖孔内，旋转卡紧，安装三通组件、销子、胶管，旋转管汇手柄跳压至3.5MPa，在气压作用下气压筒活塞将黏附盘压下，与泥饼黏实保持一段时间，松开管汇调压手柄，旋转放气阀杆，将气压筒余气放出，取下气压筒；关闭气源总阀，黏实5min，扭力扳手调零，扭矩仪与黏附盘连接，慢慢用力，测量黏附盘与泥饼开始滑动（黏附盘与泥皮间发生相对错动）时产生的最大扭矩值；5min复测，直至扭矩最大为止，测试完毕，放出余气后拆卸管汇、三通等组件。由于评价钻井液泥饼黏附系数存在较大的操作误差，因此最好为同一实验人员多次测试求平均值。计算方法如下：

(1) 把扭矩换算成滑动力，当黏附直径为5.08cm时，滑动力等于扭矩乘以1.5×4.448/0.113。

(2) 当黏附盘面积是20.26cm² 时，黏附盘上的差动力等于3.14×500×4.448。

(3) 泥饼黏附系数是黏附盘开始滑动所需要的力和盘上差动力的比值。黏附系数计算公式为

$$\text{泥饼黏附系数}=\frac{N\times1.5\times4.448/0.113}{3.14\times500\times4.448}=N\times8.45\times10^{-3} \tag{4-10}$$

式中，N 为扭矩（N·m）。

4. 泥饼质量

待测钻井液测试7.5min中压失水，取出泥饼，采用手搓并对折泥饼等直观方法观察；再测钻井液测试30min HTHP滤失量，小心取出泥饼，自然晾干后采用S-4800型扫描电镜测试方法测试表面和剖面。

5. 抗磨性能测试

钻井液的摩擦（润滑）系数直接影响钻刃与岩石之间的摩擦力大小，也就主体决定了对钻头磨耗量的多少，并关联到快钻速度的稳定。为了澄清钻具磨损程度与泥浆润滑性的关系，掌握不同润滑系数钻井液对钻刃的相对磨损程度，以便最优配比润滑型钻井液，松科2井实验室特设计了研磨实验。

研磨实验设备如图4-8所示，用功率0.55kW的立式摇臂钻床作为回转动力机，转速50～

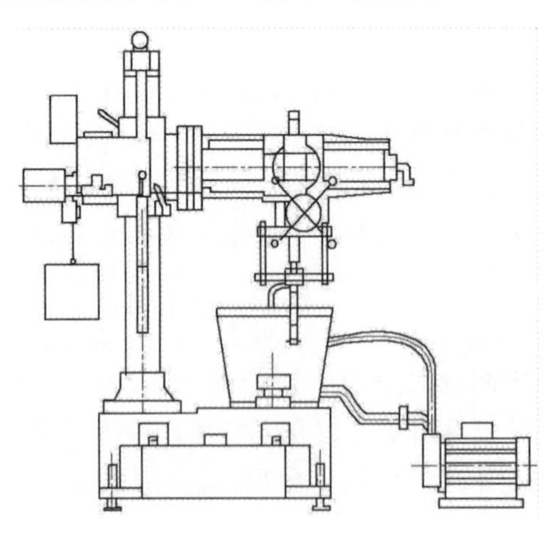

a.钻床改进为研磨实验机

b.自制研磨实验钻头与研磨罐

图4-8 研磨实验机具图

1000r/min，可调。圆环形钢钻头的本体直径为46（30）mm，其底端沿周向均布安装4～8个径向伸出的研磨小试棒。棒直径4mm，伸出钻头外壁10mm。棒材料选用软钢（A3Q235碳素钢加工），以缩短研磨实验周期。

钻头下方为盛装研磨砂料的圆筒，研磨料为20目（0.85mm）的石英砂。罐内分别加入不同乳化油含量的试验泥浆。将钻头插入研磨砂里，埋没一定深度。开启台钻，以一定转速回转钻头，研磨试棒持续与石英砂发生摩擦，不断研磨掉棒体表面材质。经过一段时间（设为1～4h），停机卸下研磨棒，清洗表面黏物并烘干，再进行精密天平（100g/0.001g）称重，并与原始的棒重量对比。这个重量差就是研磨掉的量。

表4-5是用8种不同配比的含砂泥浆进行研磨试验所测的研磨结果。所用泥浆基本配方为5%钠土+1.8%LVCMC+0.2%HVCMC等，是松科2井较典型的基浆配方。其中对研磨砂的粒径、研磨砂的浓度、乳化油的含量均做出2种或2种以上的不同设置。实验转速设定在450r/min，研磨时间均为2h。

表4-5　室内研磨实验数据表

序号	研磨浆配方	1号质量损失率/%	2号质量损失率/%	3号质量损失率/%	4号质量损失率/%	总质量损失率/%
1	5%钠土+2% LV-CMC+20%40目细砂	1.6	1.61	0.81	1.1	3.671
2	5%钠土+2% LV-CMC+30%40目细砂	1.57	1.65	1.1	1.74	6.07
3	5%钠土+2% LV-CMC+20%40目中粗砂	1.67	1.51	1	1.3	5.48
4	5%钠土+2% LV-CMC+30%40目中粗砂	1.43	1.65	1.24	1.74	6.06
5	5%钠土+2% LV-CMC+30%40目细砂+0.5%皂化油	1.1	1.31	1.05	1.28	4.74
6	5%钠土+2% LV-CMC+30%40目细砂+1%皂化油	1.07	0.87	0.95	1.02	3.91
7	5%钠土+2% LV-CMC+30%40目细砂+1.5%皂化油	0.84	0.9	0.86	0.79	3.39
8	现场浆+30%40目细砂+1%皂化油	1.03	0.99	1.05	1.11	4.18
9	现场浆+30%40目细砂+1.5%皂化油	1.07	0.97	1.02	0.89	3.95

对实验结果分析可得如下结论：

（1）对比实验数据可得，无乳化油泥浆的质量损失率达6.07%，而分别添加0.5%、

1%、1.5%乳化油后，质量损失率分别下降至4.74%、3.91%、3.39%。这表明在泥浆中添加乳化油可以使研磨量降低，降低率至少可达31.14%。

(2) 随着乳化油含量的增加，研磨量减少。但减幅随含量逐渐变小。初加阶段（0～1%）的减磨效果提升最明显，超过1%后减磨效果增幅变弱。因此，泥浆中的乳化油含量控制在0.5%为宜，既能有效减磨又低耗、经济。

(3) 含石英砂量30%浆体比20%浆体的研磨量要大1倍多，说明岩石越坚硬研磨性就越剧烈。同时可以看出，加乳化油后的研磨量减幅，30%浆体的要比20%浆体的大，说明岩石越坚硬，加乳化油的减磨效果越明显。

4.2.3 松科2井硬岩取心钻进冷却与减阻

钻井液对钻头的冷却功能在松科2井钻进中显现特殊的重要性，特别是因为松科2井75%的硬岩钻进采用金刚石钻头。金刚石在环境温度达到1000℃时，原本最为坚硬的品质会被"软化"（微烧钻），使钻头失去锋利性，磨损剧增，钻速剧减，甚至可能发生严重烧钻事故。

钻井液对钻头的冷却是在"冷却剂"和足够泵量的双重作用下发挥出来的。足够的泵量体现为有效的散热流速。它要能够带走钻头碎岩所产生的热量，保持钻头的相对低温环境。钻头碎岩单位时间产生的热量 H_b 就是钻头碎岩的功率 W，而钻井液在单位时间里带走的热量 H_Q 与钻井液的泵量 Q 呈单调增加关系。如果带走的热量大于或等于产生的热量，就可以维持钻头始终处于相对"冷却"状态而不会发生"微烧钻"及烧钻。根据大量的金刚石钻进泵量数据统计和分析，最小防烧钻临界冲洗液量与金刚石钻头的功耗（产生的热量）的关系为

$$Q = kW = kNn = k\pi GfDn10^{-3} \tag{4-11}$$

式中：Q 为防烧钻最小临界流量（L/s）；W 为钻头碎岩功率（W）；N 为钻头碎岩扭矩（N·m）；n 为钻头回转转速（r/min）；G 为钻进轴压力（kg）；f 为摩擦系数，无量纲，取0.3～0.5；D 为金刚石钻头直径（m）；k 为冷却系数，根据钻井液冷却剂的效果取0.06～0.13，松科2井强冷却剂钻井液可使该系数达到0.08。

如图4-9所示，当钻头切（磨）刃具以一定的轴压 p（达到岩石的抗破坏强度）压迫在岩石上并发生摩擦运动，所产生的摩擦力正比于摩擦系数 f，而产生的摩擦热又正比于摩擦力。所以，刃具与岩石接触面上的摩擦系数越小，破碎岩石所产生的摩擦力即摩擦热也就越小。摩擦系数 f 可由极限压力润滑仪直接测出。这一原理可以量化表示为

$$Q_h = knF = knpf \tag{4-12}$$

式中：k 为换算常系数（无量纲）；p 为钻头轴压（N）；n 为钻头转速（r/min）。

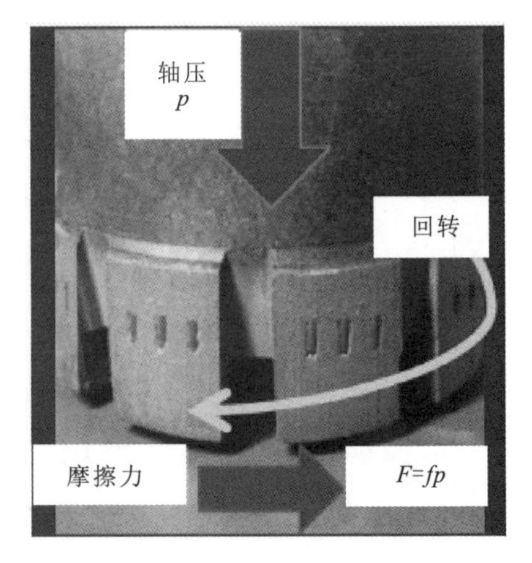

图4-9　钻头刃具削磨岩石的摩擦力

将松科2井后4个开次所用金刚石钻头的

尺寸、钻进轴压、回转转速等参数代入式（4-12）计算，可得所需冷却钻头的最小临界泵量分别为二开 1.57L/s、三开 2.241L/s、四开 1.57L/s、五开 0.96L/s。将这组数据对照表（4-4）和表（4-5）进行相应查验，可知各段所设计的泵量能够满足冷却钻头所需。这也是松科2井在使用金刚石钻头时遵循的限制最低泵量原则。借此，全井钻进未有烧钻事故发生且具有较高且稳定的钻进速度（平均机械钻速为 1.2m/s）。

4.3 高温地层钻具泥包消除技术

4.3.1 钻头黏附与泥包原因分析

所谓钻头泥包，是指在钻头尤其是钻头出刃部位，黏附聚集大量钻屑和造浆黏土，并致密压紧这些固相，形成钻头上较厚的包裹层的现象，如图4-10和图4-11所示。同样地，在钻杆壁面也会黏附钻屑和黏土，形成很厚的泥饼。钻头的出刃（金刚石、硬质合金、复合片）被泥屑包裹住，无法锋利地吃入岩石并刻取之，只是钻头底唇庞大的钝面滑移于所接触的地层，使破岩效率受到严重影响，带来钻速下降或不进尺问题，钻时明显拖延。

图4-10　取心钻头的泥包

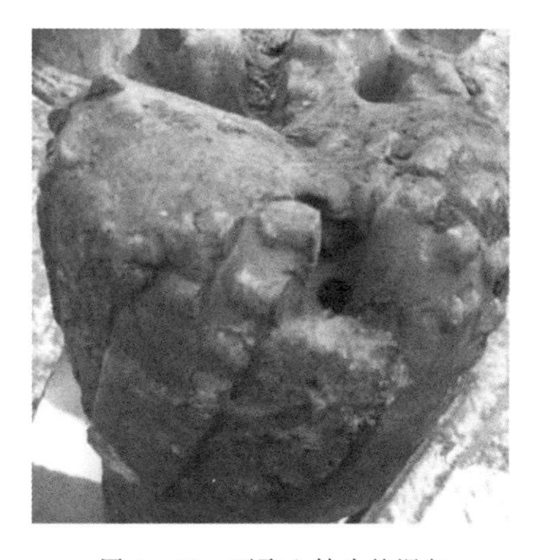

图4-11　不取心钻头的泥包

泥包形成的隔挡及对水口（槽）的阻塞，也使钻井液流不能有效地冷却切削刃、齿，钻头热量难以被带走，高温使硬刃软化而刻岩效率降低且磨损严重。通常，温度高于 350～500℃以上后，无论硬质合金、金刚石还是复合片的磨损速度都会迅速增大，钻头寿命及机械钻速都会明显降低。

泥包堵死钻头水眼，憋涨井内的循环动压力，泵压负荷剧增，开泵和停泵瞬间产生巨大的激动压力，危及地面设施和井内安全。在起、下钻时也会引起明显的抽吸和挤胀压力，严重时会引发井涌甚至井喷以及压裂井壁等严重的钻井事故。

从钻井工艺的条件来看，松科2井比常规油气钻井更易发生泥包。不取心的油气钻井牙轮钻头和 PDC 全面钻头的刃具出露较大，黏附泥包问题已有较为成熟的技术措施。牙轮钻头可采用移轴、超顶等自洗方式改善泥包问题，PDC 全面钻头采用特殊结构设计、水力参数设计等方式解决黏附问题，而且油气钻井的泵量允许调至很大、水马力大，具有井底排渣及时等优势，使得泥包问题相对没有那么突出。而松科 2 井采用的取心钻进方法，尤其是金刚石钻头钻进，没有这些有利条件，泥包问题更为突出。

(1) 取心钻头，特别是孕镶金刚石取心钻头的出刃极小，很容易造成泥包，进尺缓慢甚至无进尺，在泥岩和砂岩地层钻进实践中，钻进速度对比差别就非常明显。

(2) 取心钻进的泵量客观上相对较小，因而水马力小，排屑能力十分有限，造成泥包黏附的可能性较大。

(3) 环状的取心钻头屑面面积狭小，难以大幅度改变其结构方面的设计来改善水力冲刷或机械自洗的效果。

钻具的泥包归因于地质和工艺两大因素。研究表明，属于泥质及含泥质（如泥岩、页岩、泥质砂岩等）的岩石屑粒更具有与金属钻具相黏结的性质。泥质岩屑黏附力大，且易于水化分散，易黏附于钻头表面，压实后易造成钻头泥包。一般情况下，泥质岩的岩屑黏附需要满足 3 个条件：①岩屑自身具有较强的黏附性；②从钻井液中吸水，使自身处于塑性状态，当水含量达到塑性极限时，泥页岩结构会迅速发生变化，产生电性吸附、毛细吸附；③界面压力足够大。

当岩屑在外力作用下压向钻头表面时，微观接触点上还存在分子间引力，正压力大，分子间引力也增大。泥质黏附系数与黏土矿物含量密切相关，当含水量一定时，黏附系数随颗粒尺寸的增大而减小。从表 4-6 中可以看出，黏土矿物中又以蒙脱石的比表面积最大，具有较高的表面能，吸附性也就越大。因此，对比分析，3 种典型黏土矿物中，以蒙脱石为主要黏土矿物的泥质岩屑的黏附系数最大，其次是伊蒙混层、伊利石，高岭石的黏附系数最小。

表 4-6　不同黏土矿物的比表面积

矿物类型	高岭土	伊利石	蒙脱石
比表面积/（$m^2 \cdot g^{-1}$）	5～20	100～200	700～800

由于晶格的取代作用，泥质岩屑颗粒中电荷主要集中在黏土矿物上，一般情况下负电荷大于正电荷。在静电引力作用下，岩屑颗粒就会吸附或者交换阳离子，一般用阳离子交换量（CEC）来表征这种能力。表 4-7 为不同黏土矿物的阳离子交换量的大小。

表 4-7　不同黏土矿物的阳离子交换容量

黏土矿物类型	绿泥石	高岭石	伊利石	蒙脱石
阳离子交换容量/（mmol/100g 黏土）	10～40	3～15	20～40	70～130

当泥质岩屑受自由水浸润（如钻井液失水）后，岩屑水化分散，呈现胶体特性，岩屑胶体主要由一个微粒核和一个双电层组成，一般情况下微粒核的表面都是带负电荷，它将吸引钻井液中的正离子，形成双电层，内层和外层构成了胶体的双电层（图 4-12）。电层外面由于静电引力的作用，吸引极性水分子和水化离子，形成带有相反电荷的吸附层和扩散层，即外层；由胶体扩散双电层理论可知，吸附层外界面存在电动电位 ξ。该电势的大小反映了胶粒的带电程度。

岩屑胶体性质对其力学性质的影响主要是通过电动电位吸引极性水分子，形成水膜，从而影响岩屑颗粒间的引力和斥力。如果引力大于斥力，则岩屑对内凝聚，对外黏附性强；若引力小于斥力，则岩屑分散。ξ电位大，水膜厚，则颗粒间斥力大于引力；ξ电位小，水膜薄，则颗粒间引力大于斥力。因此研究认为，钻头和钻井液的带电性是影响泥包的主要因素之一。岩屑本身带有负电荷，钻头金属表面带有正电荷，容易产生静电吸引，在静电引力作用下，钻头表面容易吸岩屑颗粒，黏附堆积最终形成泥包。当然，黏土中阳离子的类型是直接影响泥包产生的关键因子，尤其是Ca^{2+}，含量越高，越容易产生泥包。

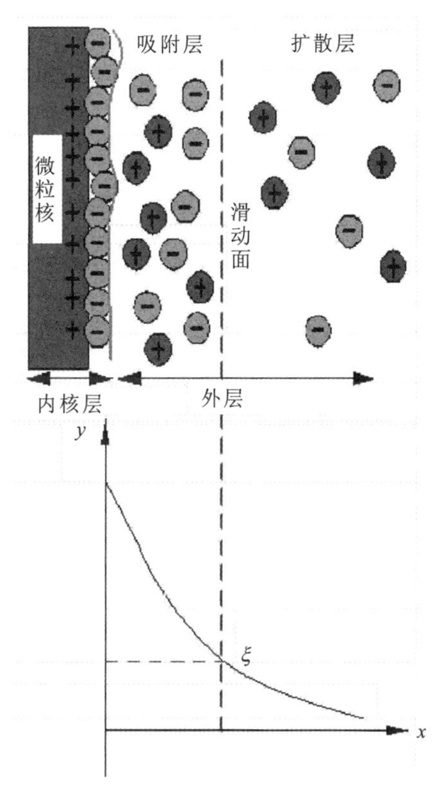

图 4－12　黏土颗粒负电性原理

同时，岩屑中的水溶液可以润湿岩屑颗粒和金属表面，在接触面上形成弯月面，产生毛细管力。岩屑和金属表面的水膜张力将两个表面紧密结合在一起。水膜的张力与水膜厚度有关，随着水膜厚度的增加，水膜张力减小，黏附力也减小。研究结果表明：黏附系数随泥质岩屑含水量的变化呈抛物线规律变化，黏附的最大值出现在塑限与液限之间。分析认为，当含水量低于塑限时，岩屑颗粒接触点上存在的水膜彼此之间不连接，没有形成连续的水膜，此时水还处于结构水状态，泥质岩屑与钻头材料表面的实际接触面积较小，因此黏附力较小；随着含水量逐渐增加，岩屑颗粒间的水膜变大，水膜相互联结成网状组织，泥质岩屑发生了塑性变形，水膜的连续性增大，实际接触面积也增加，黏附性逐渐增强；当继续增多，接近液限时（如 20％），水充满了岩屑颗粒间所有的空隙，气液界面仅出现在岩屑颗粒层的表面，水膜张力增大，黏附力增加很快；而当含水量继续增多，超过液限时，岩屑颗粒就会完全浸在水中，此时的水大部分为自由水，弯月面消失，出现正的孔隙压力，水膜张力迅速下降，此时水膜可能对黏附界面起润滑作用，从而使黏附力大大减小。

松科 2 井所钻地层中的泥页岩类地层占比高（水敏性沉积岩的钻遇率达 70％），地层黏土矿物含量较高，泥质岩屑容易水化膨胀具有黏性，特别在水基钻井液的环境下，极易引起黏结糊钻、黏附卡钻、井底马达滞速和循环遇阻憋泵等状况。

4.3.2　钻具黏附与结垢的解除机制

在松科 2 井泥质含量丰富的地层环境中，不仅钻头会发生泥包，钻杆易黏附，涡轮钻具也容易内腔结垢。就钻杆吸附泥渣而言，环空中充斥厚泥饼，造成黏附卡钻，使回转扭矩剧增。井越深钻柱越长（松科 2 井深度就很大），这种无功扭矩就越大，严重时可达10kN · m/km以上，大大超过钻头碎岩所需的有功扭矩。对井下动力机具（如涡轮和螺杆马达）来说，在离心力作用下更会加剧器具内壁面上的致密附着，造成工作腔体的结垢阻塞，引起相对回转困难甚至失灵，使机械钻速急剧下降。图 4-13 就是松科 2 井在涡轮钻具初用阶段遇到的结垢情况，可见结垢程度十分严重，严重影响到井底动力机的正常应用。

图 4-13 涡轮钻具内腔结垢状况照片

防治黏附、结垢和泥包，在主观技术方面应从钻具结构和（表面）材质、钻进工艺和参数（尤其是保证充分的泵量）、泥浆配方性能（具有强清洁作用等）上着手解决。

在钻头结构设计上，设计成有利于水力冲刷泥屑黏着的形状。水口数量设计要合理，排屑槽不能过窄，切削刃之间保持排屑有效距离。对于 PDC 和硬质合金等大尺寸切削刃具，镶嵌角度要设计为较小压持岩粉的（如后倾角小至 10°～30°）。喷嘴的布局以泥浆射向泥屑附着区为主要考虑，喷嘴直径减小，流体速度就会增大，以更有利于清洗黏附在钻头表面的泥屑。

不同材料具有不同的界面张力和接触角。因为材料表面的性质、电化学性质和摩擦特性等方面的表现不同，对黏附的影响也不同，即使是用同一种材料，其工艺处理不同，显微组织、表面硬度、表面几何性质等方面的差异对黏附的影响也不尽相同。

钻具各部分材料的性质对泥质岩屑黏附性能具有重要影响。以钻头为例，胎体、刚体、喷涂，堆焊固体表面自由能均有较大差别。为提高表面材料的硬度，采用钻头钢体表面硬化处理的方法比堆焊硬质焊化材料好。提高钻具表面的光洁度有利于减小泥质岩屑黏附系数。表面粗糙且高低不平，光滑度降低，岩屑在钻具表面运移时受到的黏附阻力增加，岩屑容易聚集并黏附于钻头表面，水力难以清除，最终会导致泥包、黏附和结垢。这在选用钻杆、涡轮钻具和钻头时都要加以考虑。

对钻具进行表面氮化改性处理或涂层处理，也是减弱吸附、抑制泥包的措施。处理后，钻具表面呈现负电势，与泥质岩屑相互静电排斥。例如国外采用 Teflon 表面涂层法，利用聚四氟乙烯等含氟材料的不黏、耐高温特性，降低带负电荷的岩屑吸附到钻头体表面的能力。

钻进工艺和规程参数上，过低泵量形成的流速（冲刷力）较小，上返速度低，排屑不及时，返浆的含固浓度高，重复破碎，造成泥屑堆积滞留，是泥包、黏附和结垢的一大方面致因。这在钻速高时尤为严重。

对于钻屑微粒尺寸的影响，已有研究者发现含有 100μm 以细固相颗粒的泥浆更易于产生钻杆结垢和钻头泥包。黏滞介质与骨架微粒混合，构成了易于黏结的尺寸效应。因此，对微细砂屑的固控除砂也是防止泥包的必要措施。

黏屑分子与钻具金属表面相互交联，形成糊状体，黏土黏附性大大增加，甚至一些岩屑会吸干接触面的水，使岩屑紧黏在钻头表面。当水流冲刷力小于岩屑黏附受力时，岩屑无法被清除，就会不断地在钻具表面堆积。因此，泥质岩屑泥包钻头的过程是“泥质岩屑运移不及时→井底的堆积压实→接触黏附形成泥包”的过程。

当钻压过高，钻头与岩屑的接触应力大，摩擦力大，岩屑不易被清除而在井底滞留易生成泥包。而钻压低，钻头与岩屑的接触应力小，摩擦力小，岩屑容易清除，不会产生泥包。研究认为压力差把岩屑“镶嵌”在钻头表面，是产生泥包的机械因素。

因此松科2井在泥岩中钻进时，采用低钻压、大排量。起下钻及时通井。适当提高转速，利用离心力作用将泥包的岩屑“甩脱”。

钻井液的相关性能更是化解黏附和泥包的关键所在，主要表现在以下几项直接和间接作用机理上：

(1) 洗涤作用。“洗涤”顾名思义为洗去钻头和钻杆表面黏附的钻屑泥垢，即清洁钻具表面，消除泥包黏附。钻井液的“洗涤”作用缘于其中含有降低界面黏附力的表面活性剂。依照HLB（亲水亲油）准则，在HLB值为10～13的表面活性剂是最具洗涤效果的。主要代表性洗涤剂有十二烷基苯磺酸钠（LAS)、辛基酚聚氧乙烯醚（OP-10）等。

(2) 松弛作用。泥包的结构特征是致密压实的土砂黏结体。消除泥包的措施之一就是疏松乃至破坏这个厚泥饼。在钻井液中掺入化解黏粒并能够快速渗透进密实泥饼中的剂料，将黏结体钻刺成大量毛细状的孔道并溶蚀之，使泥饼变得松散脆弱而脱离钻具。显然，溶土剂（如土酸等）与快速渗透剂（清洁水等）的复合剂是此举的关键技术。

(3) 润滑作用。提高钻井液的润滑性能降低泥质岩屑颗粒与钻头表面的摩阻系数，使附着物易于“滑脱”，削弱或消除泥质岩屑颗粒在钻头、钻杆表面的黏附。对大多数水基钻井液来说，摩阻系数一般为0.20～0.35，加入油类或者润滑剂以后，其系数可以降低到0.10以下。同样，通过加入HPAM、KCl、RH-2等添加剂以后，增加钻井液的润滑性，起到润滑钻头表面的作用，使岩屑不容易黏附在钻头体上。

(4) 降滤失作用。钻井过程中，如果钻井液失水量过大，一方面泥岩地层水化膨胀，容易导致岩屑的黏附；另一方面失水大容易在井壁形成过厚的虚泥饼，起下钻可能不断刮削井壁滤饼，导致岩屑在钻头表面积聚，最终形成厚泥包。因此，通过增加钻井液中降滤失剂，控制失水，也能降低发生泥包的概率。对于渗透率较高的地层，可采用屏蔽暂堵技术，如加入超细碳酸钙$CaCO_3$、单向压力暂堵剂等堵漏材料，降低滤饼的渗透性，从而提高滤饼质量。

(5) 抑制作用。钾基钻井液体系的抑制性能优于钠基钻井液体系，K^+比Na^+有较低的水化能力及合适的离子半径，能更好地抑制黏土水化。若钻井液体系中含有较多Na^+时，则伊利石、伊蒙混层等黏土矿物上的K^+会被Na^+部分置换，因此，黏土的水化程度随之增加，这对防止钻头泥包不利。

氯化钾KCl是一种常见的页岩抑制剂，利用K^+的尺寸压缩双电层，提高黏土颗粒间的吸引力，以达到抑制泥质岩屑水化分散的目的。

(6) 固相控制。在钻进时加入一些聚合醇、包被剂、高分子聚合物等外加剂能有效抑制地层的造浆和分散。例如使用KPAM等高分子材料，在岩屑颗粒上形成多点吸附，通过聚合物的包被作用，抑制泥页岩的水化分散，降低低密度固相含量、劣质固相含量，以减少钻头泥包的发生。同理，泥浆泵量的充足性（减小环空的固相含量）和地面除砂固控（保证再生循环泥浆的清洁）也是防治泥包和黏附的举措。

4.3.3 “清洁”型高温泥浆的复配应用

松科2井为研究松辽盆地古气候古环境的科学钻探深井，完钻深度7018m。主要钻遇地层包括泥质页岩和泥质砂岩，如钻遇地层为沙河子组下部，岩性以黑色泥岩、粉砂质泥岩为主，泥质含量较高，同时由于高温地下环境，泥浆性能受高温影响较大。采取了全面钻进、取心钻进等工艺方法，工作量主要为取心进尺。取心钻头设计采用孕镶金刚石钻头、TSP热聚晶钻头和部分PDC钻头。在高温条件下，钻井液会出现高温增稠、高温减稠、高温胶凝乃至高温固化等多种情况，特别是高温环境条件下考虑钻遇地层泥质含量高，为避免泥包，进行了专项设计和测试。

依据前述解除黏附、结垢和泥包的直接机制，遴选耐高温的复合RH－2，它是一种有效的防泥包剂，主要化学成分是SP－80、十二烷基苯磺酸钠、OP－10等表面活性剂及快速渗透剂，适用于钻进泥页岩等容易发生泥包的井段。将其加入松科2井泥浆配方中作为水基钻井液的清洁剂和松弛剂。它们能降低钻井液中固体粒子和钻具之间的吸附力，通过挤渗来松弛密结的泥饼，改善钻井液的润滑性来减小脱附所需的摩擦阻力，从而有效地防止钻杆黏附、钻具结垢和钻头泥包（表4－8）。这些助剂加量不大（约0.3%）即能发挥充分作用，并且对泥浆体系的其他负面影响甚微。

表4－8　加入复合型清洁松弛剂的泥浆黏附系数对比

清洁剂加量/%	0.00	0.05	0.10	0.20	0.30	0.40	0.50
黏附系数	31	26	22	17	11	10	9

具体配方为：2%凹凸棒土＋2%钠土＋1%SO－1＋1%TD－1＋1%成膜剂＋4%SMC＋4%防塌剂＋3%润滑剂＋0.5%乳化剂＋5%KCl＋3%超细碳酸钙＋0.5%Na_2SO_3＋110g重晶石（密度为1.2g/cm^3）。

最直接的清洗和松弛效果由黏附系数测定评价。表4－8是采用NF－2型黏附系数测定仪所做实验的结果数据。可以看到，松科2井泥浆加入清洁松弛剂后的泥浆黏附系数比未加的要明显降低。加量达到一定后继续增加，其清洁松弛效果将不再显著改善。

泥浆与金属表面的表面张力及润湿角，也是反映黏附性的重要指标。用QBYZ型表面张力仪和JC2000DM型接触角测试仪进行测试，加入清洁松弛剂后的泥浆表面张力显著减小，接触角明显增大（图4－14）。用这两种界面力学测定方法，也验证了该泥浆体系具有防止泥屑吸附于钻具的强能力。

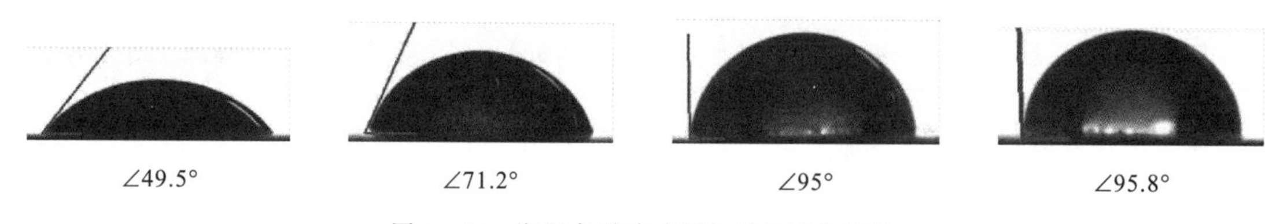

图4－14　润湿角随清洁剂加量的变化情况

在所做润湿角实测的图像和数据图中，图4－14a为未加清洁剂的，润湿角仅为49.5°；随着清洁剂的增加，润湿角逐步增大，0.2%时增大到71.2°（图4－14b）；至加量为0.3%以上时（图4－14c、d），润湿角增幅开始减缓。此例说明，松科2井泥浆体系的清洁松弛剂的加量控制在0.3%左右为宜。

根据防治黏附、结垢和泥包的间接机制，还在松科 2 井泥浆中加强抑制性、降失水性、润滑性和固相控制，重点解决高温环境下这些剂材的选用，兼而获得防治黏附、结垢和泥包的效果。

4.4　保心和提速型高温钻井液调控

钻进过程中的岩心保护是取心钻探工程的专业特定要求。松科 2 井作为获取深部地质科学样品的重要手段，更加重视取心保样的技术水平，要求二开以下 2800～7018m 的岩心采取率达到 96%以上，并且要求岩心完整、层序准确、不被污染。然而，钻进过程中的钻具振动、钻井液冲刷和流体浸渗等都会对进入岩心管的岩心产生干扰，影响岩心采取的数量和质量。特别是在松散破碎、水敏蠕变的地层中钻进，岩性的弱力学缺陷常常使对岩心样品的保护变得十分困难。而在坚固完整的层段，这一问题一般不会有显示度。

在岩心保护方面，各类取心钻具的配套应用固然是关键技术，但是钻井液的性能也会起到较大的影响作用。这时的钻井液应该具有较强的缓冲性，能在岩心与刚性钻具接触界面上吸收机械振动；同时，钻井液应具有良好的黏性成膜能力，能阻封稀流体向岩心浸渗且具有抑制性；此外，钻井液还应在岩心表面具有很好的润滑性，以减少流固表面相对摩擦对岩心产生的冲刷破坏。

松科 2 井钻井液中的抗高温剂的黏滞弹变作用明显，使岩心在内管中裹覆了一层缓冲防震的液体膜套。这个膜套的减震效果与钻井液的黏滞性直接相关，类似于减震弹簧虎克系数的合理设计原理。就钻井液的防震作用而言，其黏滞性具有最优取值点，过大则弹变幅度不够而难以克服刚性传递；过小则超越缓冲距离而直接传递内管振幅，都会降低减震效果。这种特殊减震效果与钻井液黏稠性之间的关系可以大致用下式表达：

$$F = a - (K - b)^2 \tag{4-14}$$

式中：F 为振动力；K 为钻井液稠度系数；a、b 为调整参数，主要由钻具和岩心的间隙尺寸等决定。

同时，松科 2 井钻井液所用的抗高温乳化 $5^{\#}$ 白油的润滑性突出，可以减小内管对岩心的磨损；甲酸钾与氯化钾复合的抗高温降滤失与抑制性良好，可以防止岩心膨松。从而综合发挥它们的作用，使岩心在钻取过程中得到了很好的保护。图 4-15 是松科 2 井长程取心的

图 4-15　松科 2 井所取岩心实例

成果实例，无论在采取率、完整性还是遏制扰动、防止污染方面都是优质的。这与所配钻井液的特效护心作用是密不可分的。

利用钻头底端水眼处产生的水力冲击可以有效提高钻进碎岩的速度，这已是钻井技术中的一项通用辅助措施。不仅是钻头上专门布置的水力喷嘴，金刚石钻头底唇微小的过流间隙也自然构成一种高速水力冲蚀碎岩的条件。在钻井工程中，水力碎岩效能的比例约占机械碎岩的10%～35%。特别是在坚硬岩层中，因为岩石抵抗被破碎的能力急剧加大，使纯机械钻进的速度下降得十分厉害（表4-9）。此时，辅之以较强的水力冲刷作用则可以有效补充碎岩的替代能量，减轻钻头刃具的严重磨损，借以提高硬岩钻进的整体进尺速度。

表4-9　机械钻速与岩石坚硬性的关系表

可钻性级别	代表性岩石	硬度描述	普氏坚固系数 f	机械钻速/（m·h^{-1}）
Ⅰ	冲积沙土、泥质土	松软疏散	0.3～1	7.5
Ⅱ	黄土、红土层、砂质土	松软较疏散	1～2	4.0
Ⅲ	风化页岩、板岩，轻微胶结砂、滑石片岩、褐煤、烟煤	软	2～4	2.45
Ⅳ	油页岩、泥质砂岩、磷块岩	较软	4～6	1.6
Ⅴ	细粒石灰岩、大理岩	稍硬	6～7	1.15
Ⅵ	绢云母板岩、片岩、钙质胶结的砾石、角闪石斑岩	中等硬	7～8	0.82
Ⅶ	含长石石英砂岩、砾石层、碎石层、硅质石灰岩	中等硬	8～10	0.57
Ⅷ	伟晶岩、闪长岩、辉长岩、石英安山斑岩、钙质胶结砾岩、玄武岩	硬	11～14	0.38
Ⅸ	高硅化板岩、千枚岩、花岗闪长岩、粗粒花岗岩、正长岩	硬	14～16	0.25
Ⅹ	细粒花岗岩、花岗片麻岩等	坚硬	16～18	0.15
Ⅺ	刚玉岩、块状石英等	坚硬	18～20	0.09
Ⅻ	石英、燧石、纯钠辉石刚玉岩	最坚硬		0.045

注：均以取心钻头钻进为例。

高速水力喷射碎岩是利用液流的动能，打击并冲刷岩体，因此，要求钻井液的流动性强，流体质点间的黏滞性小，射束集中聚焦而不宜扩散。图4-16反映了射流打击功与流体黏滞性（体现流动性）之间的关系。从井底钻头底部喷射出的射流属于淹没非自由射流，流束处于强大的井底压强包围中。射流刚出喷嘴眼的一小段，其边界母线近似直线，并张开一定的小角度（扩散角a）。由于返流钻井液的影响，射流边界逐渐向中心收拢，使整体射流形状变成枣核状或梭形。扩散角a表征了射流的密集程度。显然，a越小，射流的密集度越高，能量就越集中，射程就越远或越强。钻井液的黏滞性对射流扩散角的影响颇大，越黏则射流边界的阻滞牵拽越大，a 角就越提前扩张，冲击能量就越小。由此分析可知，钻井液流动性越强（黏滞性越小），水力碎岩的能量就越大。

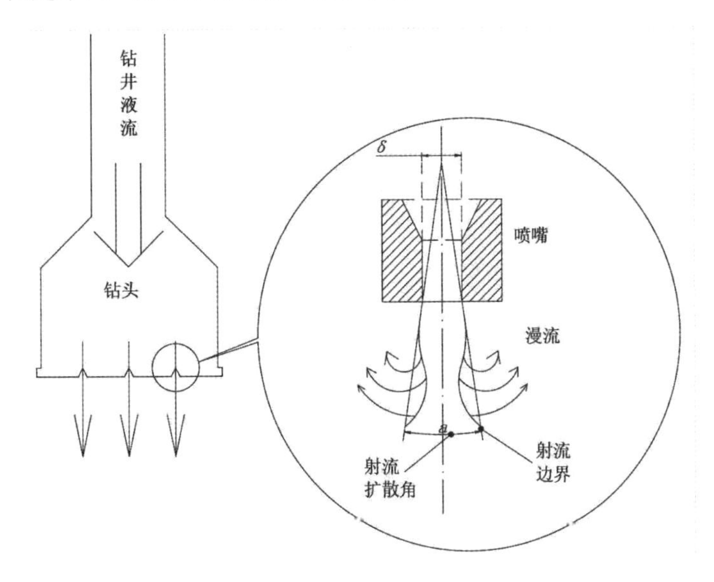

图 4-16　井底淹没非自由射流示意图

从提高钻进效率的需求上分析，降黏“提速”是针对坚硬岩层钻进而言的。坚硬岩石稳定性较好，一般无须高黏稠泥浆护壁；同时因坚硬岩石靠磨蚀方式破碎，产生的岩屑细小，所以也无须使用高黏稠泥浆悬排钻渣。于是，低黏高流动性的钻井液既能满足水力碎硬岩的需求，也能达到硬岩护壁与排屑的要求。

在研制松科 2 井钻井液配方时，还需时刻关注地层岩性的变化，随钻监测岩层的坚硬稳定性和塑软松散性，对钻井液的黏稠性进行及时调整，从而在保证井眼稳定的同时维系较高的钻进速度。

对比分析上述护心和提速两方面的需求，可以看到配制钻井液时存在一种客观矛盾，即保护岩心时希望钻井液黏稠，提高钻速时却希望钻井液稀薄。为解决这一矛盾，采用强剪切稀释性的钻井液（配制原理与方法同于本书 4.1.2 中所述）可以收到较好的效果。因为钻头水眼或金刚石钻头底唇的过流断面非常狭小，钻井液通过它们的流速比钻井液接触岩心的流速要大得多，所以高速流动的“剪切稀释”使水流冲击碎岩的能力加大，而低速接触岩心时的黏滞缓冲性（护心能力）又得以体现。松科 2 井钻井液正是选择这类耐高温的流型自动调节剂，来确保在保护岩心的同时能够维持较快的钻进速度。

第5章　抗高温水基钻井液综合指标

5.1　高温泥浆密度调整与固相控制

松科2井深度大，主要采用螺杆马达钻进工艺，基于安全钻进和高效钻进的目的，对泥浆密度和固相含量控制的要求高。特别是需要对泥浆的有害固相含量进行控制和净化。

5.1.1　高压段高密度液体/粉剂优组

关于钻井液密度的基本功用和控制原理已于第1章1.3节阐述。在松科2井井身结构设计中，已根据地层压力梯度和地层复杂性不同，依次确定了5个开次套管必封点（依次下入5级套管）。在每开次的裸眼钻进中，根据已获的对应地层压力分布曲线（压力系数为1.05～1.09，破裂压力系数为1.88左右），以地层压力相平衡和不超过地层破裂压力为原则进行设计和调控，同时兼顾动压力问题、钻速问题和悬渣问题。若在钻井过程中出现异常高压或异常低压的层段，可根据实际压力变化数据进行泥浆的特殊加重或减轻的处理。因此，设计出各开次泥浆密度，见表5-1。

表5-1　松科2井各开次泥浆密度设计表

开次	井深/m	地层压力系数	破裂压力/MPa	泥浆压强/MPa	泥浆密度/（g·cm⁻³）
一开	0～441	1.05～1.15	0～8.29	0～5.07	1.05～1.15
二开	441～2806	1.10～1.28	8.29～52.75	4.85～35.92	1.10～1.28
三开	2806～4529	1.15～1.25	52.75～85.16	23.99～56.61	1.15～1.25
四开	4529～5911	1.25～1.42	85.16～111.1	56.61～83.94	1.25～1.42
五开	5911～7018	1.42～1.45	111.1～131.9	83.94～101.8	1.42～1.45

同时，钻井液的密度对悬携钻屑的效果也有直接影响。泥浆密度高，悬浮钻屑的能力强。因此在松科2井某些产生大颗粒钻屑的井段，可适当提高密度，以解决大钻屑返排难的问题。

在保证压力平衡维护井壁安全的前提下，进一步考虑泥浆密度对钻速、悬屑的影响。从原理上分析，降低泥浆密度有利于提高钻速；提高密度有利于悬排钻屑。借此，跟踪实钻中的钻屑粒度，在钻屑颗粒尺寸较小时，可适当降低泥浆密度，以获得较快的钻进速度。

（1）随着钻井液密度的增加，钻速下降，特别是钻井液密度大于1.06～1.08g/cm³时，钻速下降尤为明显。

（2）钻井液的密度相同，固相含量越高，则钻速越低。钻井液密度相同时，加重钻井液的钻速要比普通钻井液高，因为加重钻井液的固相含量（体积）低。

(3) 钻井液的密度和固相含量（体积）相同，但固相的分散度不同，则固相颗粒分散得越细的钻井液钻速越低。由此，不分散体系钻井液的钻速要比分散体系的高（图 5-1）。甚至有些研究者得出小于 1μm 的颗粒对钻速的影响比大于 1μm 颗粒的影响大 12 倍。因此，为提高钻进效率，不仅应降低钻井液的密度和固相含量，还应降低固相的分散度，即应采用不分散低固相钻井液。

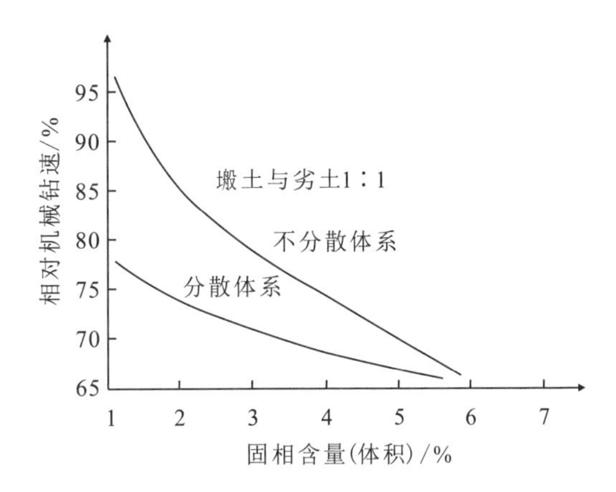

图 5-1　钻井液固相含量（体积）对钻速的影响

钻井液中的无用固相（主要为岩屑）含量会给钻进造成很大的危害：①无用固相含量高，钻井液的流变特性变坏，流态变差。不仅使孔内净化不好而引起下钻阻卡，而且可能引起抽吸、压力激动等，造成漏失或井塌。②钻井液中无用固相含量高，泥饼质量变坏（泥饼疏松，韧性低），泥饼厚。这样，不仅失水量大，引起孔壁水化崩塌，而且易引起泥皮脱落造成孔内事故。③钻井液无用固相含量高，对管材、钻头、水泵缸套、活塞拉杆磨损大，使用寿命短。因此，在保证地层压力平衡的前提下，应尽量降低钻井液密度和固相含量，特别是无用固相的含量。

加大钻井液密度一般通过增加黏土粉含量、添加重固体粉剂（如重晶石、碳酸钙、铁锈粉等）、采用高密度盐液（氯盐、钾盐、甲酸盐等）3 种途径。松科 2 井应用多种重固相粉剂与重盐溶液优化复配（配方见表 5-2）。这种复配既获得了加重的高效性，解决了单一重固体粉剂循环流动困难的矛盾，又具有较低的成本。

表 5-2　松科 2 井泥浆加重技术的材料复配表

加重复配剂	NaCOOH	$CaCO_3$	$BaSO_4$	应用效果
加量比例 1	20%	30%	10%	密度 1.4g/cm³，成本低，用于正常压力井段
加量比例 2	30%	20%	5%	密度 1.28g/cm³，流动性很好，用于小井眼井段
加量比例 3	30%	20%	30%	密度 1.48g/cm³，密度甚高，用于异常高压井段

一定浓度的甲酸钠（NaCOOH）溶液（密度为 1.35g/cm³）能显著提高基液的密度，而不会增大基液的黏度和切力，又有效保证了泥浆的流动性，还因其盐性而在岩盐防溶和水敏抑制上发挥作用；超细碳酸钙（$CaCO_3$）密度达到 2.9g/cm³，作为加重材料的同时还兼具封堵剂的功用，其价格相对便宜，在成本上减少了单一采用甲酸盐的过大消耗；重晶石（$BaSO_4$）的密度达到 4.3g/cm³，提高密度最有效，在高压井段备用多量以平衡异常的井眼缩径。这 3 种材料都耐高温，将它们按恰当的比例复配，优化了松科 2 井钻井液密度的调控。

5.1.2　选择性絮凝剂降低密度

絮凝除砂（化学除砂）是降低钻井液密度的积极措施。利用絮凝剂吸附并聚集悬浮体或胶体颗粒的过程称为絮凝。絮凝聚结后颗粒在重力作用下加速沉降。要使絮凝剂起到絮凝作用，要求悬浮颗粒相互碰撞、接触或接近，且待絮凝的悬浮颗粒有一定数量的吸附活性点。絮凝剂按化学成分分为无机絮凝剂和有机絮凝剂两大类，其中有机絮凝剂的絮凝速度更快、用量更少，应用更多。有机絮凝剂又分为天然和合成有机高分子絮凝剂两类。合成有机高分子絮凝剂的絮凝原理为高分子链吸附架桥作用、胶体粒子吸附-电性中和作用及机械网铺-卷扫作用。大分子溶液多具有絮凝能力，但絮凝效果有强有弱。

可是，絮凝也会导致“泥沙俱下”，同时带走钻井液中的有用固相——造浆黏土，造成浪费、低效。采取选择性絮凝技术则可以解决这一矛盾。选择性絮凝是指选择钻井液中的无用、有害固相（主要是钻屑）进行絮凝聚沉，而不对造浆黏土絮凝使其仍然分散成浆。这样，就可以高效除砂来降低钻井液密度。目前，水解聚丙烯酰胺（HPAM）是一类有效的选择性絮凝剂。聚丙烯酰胺絮凝剂又分为阳离子型、阴离子型、非离子型和两性离子型聚丙烯酰胺 4 种类型。

以阴离子型聚丙烯酰胺为例，其分子链是具有一定长度的线性结构，链上具有一定数量的阴极性和非极性基团，通过异性电荷吸引和网铺—卷扫，选择呈正电性或惰性的钻屑砂粒进行絮凝，而对带有负电性和厚水化膜的黏土颗粒则同性排斥或隔离阻开（图 5－2），从而达到选择性絮凝除砂降密的目的。

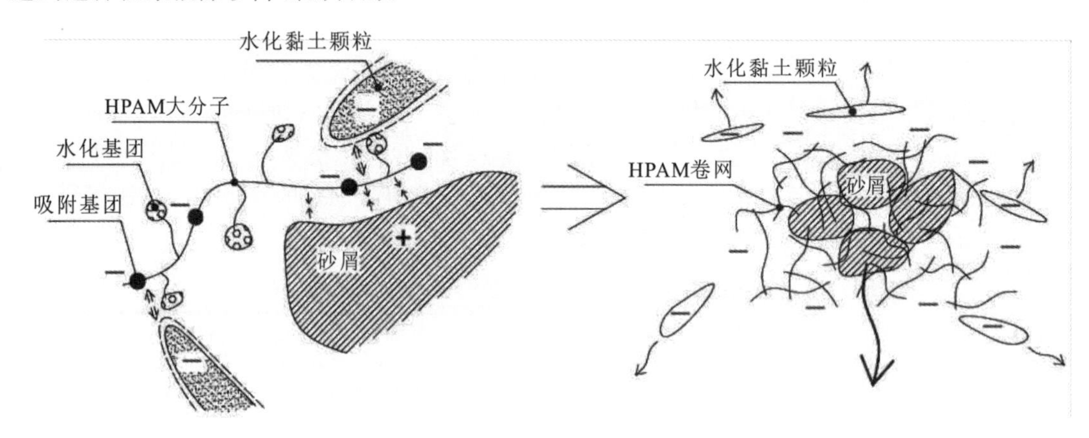

图 5－2　HPAM 的选择性絮凝除砂降密原理示意图

松科 2 井主要用两种方法对选择性絮凝剂开展了实验测试：一种是量筒沉降观测；另一种是高差 3 点压强仪测定（图 5－3）。测试发现：①随静置时间增加，纯净泥浆不发生水土分层，3 点压强不发生变化；②微细钻屑砂浆在不添加 HPAM 时有稍许的水土分层，上部压强稍有下降；③微细钻屑砂浆在添加 HPAM 时水土分层更加明显，上部压强下降较显著。联系这 3 种现象，可以说明 HPAM 确实具有选择性絮凝作用。

利用这两种实验装置，结合密度、黏度、粒度等测试结果，通过进一步的实验证实，作为选择性絮凝剂，HPAM 的分子量、水解度、加量浓度都是决定选择性絮凝效果的关键因素。此时，HPAM 的分子量应尽量大（≥1000 万），原因是使多点吸附捕卷钻屑的能力彰显。关于水解度：HPAM 选择性絮凝的水解度控制在 30％左右时，选择性絮凝效果最为明显，原因是水解度过大吸附点就会减少，而水解度过小，分子水化打开的程度不够，都不利于选择性絮凝。关于加量浓度，经实验证实控制在约 0.2‰为宜，原因是加量过少，不足以

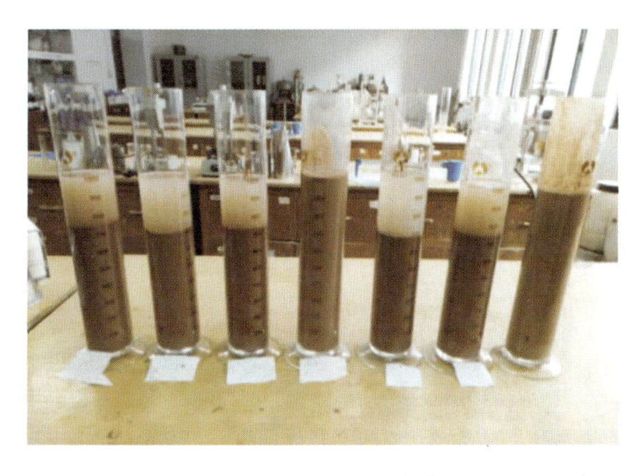
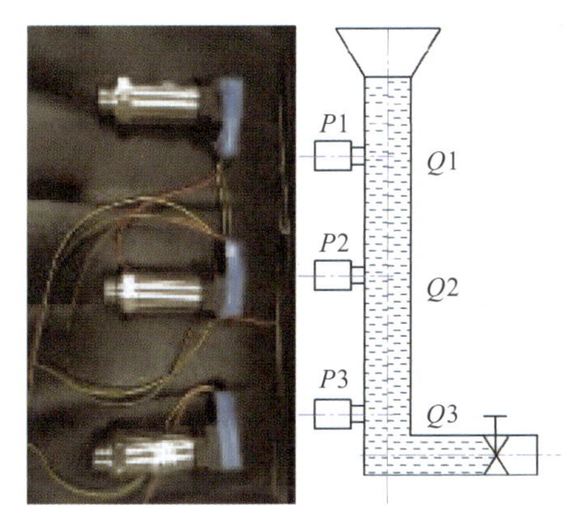

图 5-3　选择性絮凝观测（左）与高差 3 点式压强测试装置（右）

吸附架桥连接各粒子，而加量过多，高分子物质覆盖粒子全部吸附面，高分子物质之间存在的斥力阻止吸附，产生胶体隔离，都不利于选择性絮凝。图 5-4 例举分子量 2000 万、水解度 35%的 HPAM 的加量为 0.2‰时，3 点压强变化实测曲线（净浆密度 1.05g/cm^3，加砂后密度 1.10g/cm^3）。

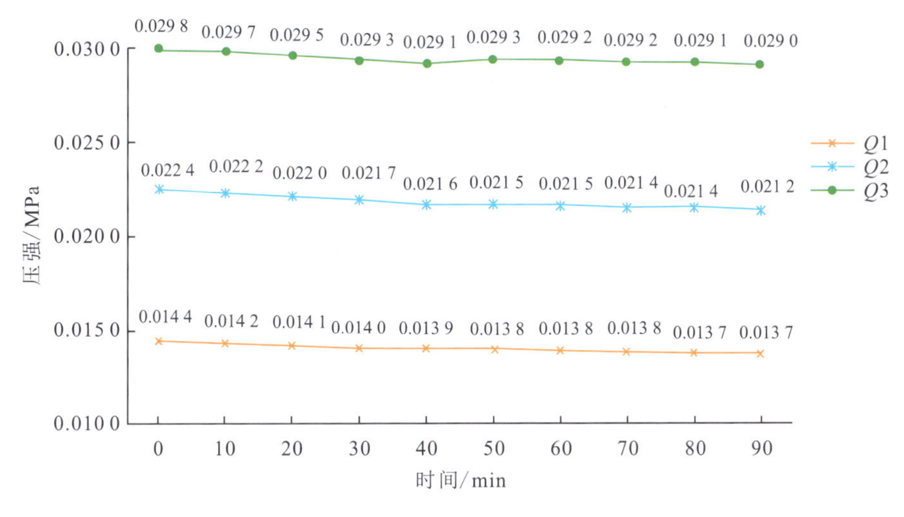

图 5-4　选择性絮凝剂作用下的 3 点压强数据曲线

结合量筒观测，由图 5-4 中数据及其变化规律可以分析出：①选择性絮凝在 40min 内发生并完成；②钻屑砂粒已聚沉于底部（最下部传感器以下）；③上部绝大部分泥浆密度由含砂密度恢复到净浆密度且趋于稳定。

选择性絮凝剂 HPAM 在此用于对携砂返浆的处理，所以在井口返浆处按量添加，主要于地面固控系统中消耗。此外，由于 HPAM 是线型可溶大分子且有一定的抗温能力，所以主动或被动地进入井底时，也具有益作用。

5.1.3　松科 2 井钻井液固控技术

泥浆除砂固控对松科 2 井钻进的顺利实施尤为重要。这不仅是回收再用，节约和保护环境的一般钻井工程需求，更是松科 2 井特殊钻进条件所决定的需求。由于长程小井眼取心钻探不宜采用高固相浓度的泥浆，且硬岩钻进更强调减少对钻头的磨损，因而及时且较彻底地排除上返后泥浆中的钻屑，同时最大限度地保留有用浆材成分，固控（泥水处理）成为本井一项不容忽视的关键技术，固控系统全貌如图 5-5 所示，固控设备配套如表 5-3 所示。

图 5-5　松科 2 井钻井液配制、循环、固控系统全貌

表 5-3　工程现场固控设备配套表

名称	型号	数量	名称	型号	数量
振动筛	ZS3/Z-01	3 台	除泥器供液泵	SB6″×8″FJC-13″，75kW	1 台
除砂清洁器	ZQJ250×2～1.6×0.6	1 台	除气器供液泵	SB5″×6″～37kW	1 台
除泥清洁器	ZQJ100×10～1.6×0.6	1 台	混浆泵	SB6″×8″FJC-13″，75kW	2 台
真空除气器	ZCQ200F-A	1 台	剪切泵	WJQ5″×6″JC-10″，55kW	1 台
高速离心机	LW355×1257NH	1 台	补给泵	SB3″×4″JC-10″，15kW	2 台
中速离心机	LW450×1000-N3	1 台	离心泵	SB3″×4″JC-9 1/2″，11kW	2 台
离心机供液泵	XG070B01JF 单螺杆泵	2 台	射流式混合漏斗	ZHP150	2 台
钻井液搅拌器	NJ-15	22 台	旋流式混合漏斗	ZHP150	2 台
钻井液搅拌器	NJ-5.5	2 台	药品罐	2.5m³（16BBL）	1 个
除砂器供液泵	SB6″×8″FJC-13″，75kW	1 台	药品搅拌罐		1 个

松科 2 井泥浆的平均排量达到 $1m^3/min$，蓄浆量约为 $300m^3$。普通固控措施难以克服“泥砂俱下”造成的浪费。理想的泥水处理是在有效降低泥浆含砂量的同时，保留泥浆中的膨润土，减少造浆材料的消耗和浪费，提高泥浆的再生性。性能优秀的钻井泥浆，应具有较高的除砂再生性能和造浆材料利用率，既能够保证优良的钻进质量，同时又符合环境保护要求。

钻井液“含砂量”中的砂是指大于 74μm（200 目）的颗粒针对松科 2 井取心钻探而言，由于是孕镶金刚石钻头钻进，过大的岩屑（大于 2000μm）和特小（小于 2μm）的颗粒都不多。并且由于施工时间周期长、裸岩井段长、高温地层井壁稳定性要求高，且经常钻遇含油气地层，整套固控系统包含振动筛分—除气—除砂—除泥—离心机分离，实现 5 级净化。同时，配套了搅拌器、砂泵、加重泵、剪切泵等辅助设备以及相匹配的各种管线、阀门、锤击式由壬、漏砂槽（簸箕）、挡泥板等。整个泥浆制备、循环和固控系统由6个循环罐、4个备用泥浆罐、1个补给（灌浆）泥浆罐、1套配药加重泵、剪切泵和完备的泥浆净化设备、合理的流程走向、各种功能的设备、管线等以及相应的安全防护装置构成，能够较好地满足钻机施工时对泥浆固控系统的要求。完成钻井液的配制、加重、添加化学药剂等工艺性能。

系统净化工艺流程如下：

(1) 从井筒中返回的钻井液经溢流管进入振动筛，筛除较大的固相颗粒（≥74μm）。振动筛使用的好坏直接影响下一级固控设备的效果。泵排量、筛网面积、固相浓度、钻井液黏度等因素影响振动筛网的选择以及分离的效果，应选择合适的筛网。除特殊情形（如加入堵漏材料）外，一般原则是以钻井液覆盖筛网面积的70%～80%为合适。筛分后的钻井液汇集于振动筛罐的锥形沉砂仓，依次流入除气仓、除砂仓、除泥仓和离心机仓。

(2) 在除气仓，当钻井液遭气侵性能改变时，需启动除气器将除气仓内的含气钻井液进行脱气处理，再排入中间罐中的除砂仓。若钻井液没有气侵，则不必进行除气处理，锥形仓的钻井液直接流入中间罐除砂仓。

(3) 在除砂仓，除砂器供液泵吸取钻井液供给除砂器，除砂器的旋流器直径为150～300mm，经过除砂器将钻井液中40～74μm的固相颗粒清除，正常情况下，能够清除95%的40～74μm的钻屑。因为重晶石大部分颗粒在“泥”的范围，在此粒度范围内除砂器的使用一般不会造成大量的重晶石损失。

(4) 除砂后的钻井液再排入直径为100～150mm的除泥器。它能清除95%大于40μm和50%大于15μm的钻屑，能清除12～13μm的重晶石。因此，除泥器的启动需要根据钻井液性能来决定。在除泥仓，除泥器供液泵吸取钻井液，经过除泥器将钻井液中大于15～44μm的固相颗粒清除，除泥后的钻井液排入中间罐中的离心机仓。

(5) 中间罐有一离心机仓，吸入罐Ⅱ有一离心机仓，配有两台离心机。离心机供液泵从中间罐离心机仓中吸取钻井液供给1#离心机，经过离心机将钻井液中大于2μm的固相颗粒清除，清除后的钻井液排入吸入罐Ⅱ中的离心机仓；若需再进行离心机分离，开启2#离心机，从吸入罐Ⅱ中的离心机仓吸入钻井液，分离处理后经过渡槽进入吸入罐、储备罐或混浆罐。这样就完成了钻井液5级净化工艺，供泥浆泵吸入或加重剪切混浆处理。

5.2 深钻泥浆开次过渡的低耗转换

松科2井完钻井深7018m，地层情况复杂多变，需要及时调整泥浆体系以达到不同的目标性能参数，因此从大的体系上分为5个开次不同的钻井液类型。对于上、下开次间的钻井液转换，一方面要有缓变过渡，以符合地层的渐次适应性，避免突然变迁导致的井眼失稳；另一方面由于体量庞大（图5-5），钻井液的使用必须注重经济性与环保负担，尽量减少甚至避免弃浆，同时也要考虑到后续抗高温钻井液体系转换的便利性。松科2井在开次泥浆转换方案方面取得了很好的实际应用效果。

在泥浆转换方面，总体思路为，在充分探明当前开次使用井浆性能的基础上，通过小样转换试验，确定满足下一开次抗温能力的泥浆转换方案，充分在原井浆的基础上置换小部分配浆材料，完成泥浆体系的转换。

这种转换方式的优点在于：①转换以软着陆的方式进行，避免因体系一次性转换产生剧烈性能波动而引起井内情况复杂；②原体系中的处理剂在失效前仍然可以发挥作用，可节约成本；③松科2井为单井项目，资金全部来自国家财政，如果完钻后产生剩余材料则势必造成财产损失；④特定井段采用特定抗温能力的处理剂，既是出于科学配制浆液的需要，也有利于相应处理剂效能的提高，如高分子处理剂需经过相对应高温作用后，其性能方趋于稳定，不同软化点的沥青类处理剂需特定的温度范围才能发挥更好的封堵能力。不同开次泥浆体系转换的大致过程如下。

1. 一开转二开

首先，在二开上部井段（440.96～1080m）采用了聚合物防塌泥浆，其主要性能见表5-4。

表5-4　低固相聚合物钻井液配方基本性能

ρ/（g·cm^{-3}）	AV/（mPa·s）	PV/（mPa·s）	YP/Pa	GEL/（Pa/Pa）	FL_{API}/mL
1.15	22.5	15	7.5	1/4	6.7

为提高钻井液的抗温能力以适用于二开下部（1080～2840m），在上述配方的基础上补充了2%的SMC、SMP等磺化材料使其抗温达到120℃，实验数据见表5-5。

表5-5　聚磺钻井液配方性能表

条件	ρ/（g·cm^{-3}）	AV/（mPa·s）	PV/（mPa·s）	YP/Pa	GEL/（Pa/Pa）	FL_{API}/mL
BHR	1.26	26	19	7	2/5	3.2
AHR	1.26	22	17	5	1/4	3.8

由表5-5可知，该聚磺钻井液流变性能良好，失水量较低；在120℃条件下加热滚动后黏度略降；失水量略微增加；总体性能变化不大，考虑到二开井底预计温度在120℃以内，所以该配方满足抗温要求。

2. 二开转三开

结合二开下部泥浆配方性能，以及测井资料中的井底温度显示（2800m左右时100℃），预计三开钻完时的井底温度为170℃左右。为此，在二开泥浆配方的基础上补充SMC、SMP、SPNH、FT-342等磺化材料，进行抗温能力的进一步提升以满足使用要求。所获配方钻井液在不同老化温度热滚后的性能见表5-6。整体而言，在最高测试温度180℃范围内，钻井液各项性能参数均在一定的范围内波动，抗温性能良好。

表5-6　热稳定试验

序号	AV/（mPa·s）	PV/（mPa·s）	YP/Pa	GEL/（Pa/Pa）	FL_{API}/mL
热滚前	15	11	4	0.5/3	5.4
120℃	17	12	5	1/4.5	4.8
150℃	24.5	20	4.5	1.5/6	4.0
180℃	20	16	4	1.5/5.5	4.4

3. 三开转四开

三开临近结束时，在井浆基础上添加 2%KJ－1+2%FT－1A（软化点 180℃）及其他处理剂，可抗温 200℃以上，其转换后性能见表 5－7。

表 5－7　抗 200℃钻井液配方性能

AV/（mPa·s）	PV/（mPa·s）	YP/Pa	GEL/（Pa/Pa）	FL_{API}/mL	FL_{HTHP}/mL	pH
20	11	9	5/9	2.8	9.6	9/8.5

在四开段，具体转换措施分为如下 3 个阶段：

（1）4542～5000m 聚磺氯化钾体系。该深度范围继续沿用三开的聚磺氯化钾钻井液体系，实践表明该体系综合性能指标优良，抗温能力强且相对成本较低，能满足施工需要。三开完井温度为 165℃，预计 5000m 深度时，井底温度约为 180℃，而根据实验结果，该体系抗温能力达 180℃，可以在此深度范围内继续使用。处理剂添加足够后，平时维护用 5%含量的混合胶液，胶液配方依据性能变化调整添加剂的组成，胶液的加入量以钻井液的损耗情况为准。

（2）5000～5600m 抗高温聚磺钻井液体系。原聚磺体系的抗温性能不能满足下部地层相对应的井底温度逐步升高的变化，因此实施连续转换方案，在转换过程中添加抗温性强的聚合物材料，逐步替换原配方中损耗的磺化处理剂残留，这样始终能满足钻井液抗相应井底温度变化的需求。在明确上部井浆性能的基础上，逐步选用抗温能力更强的 KJ－1 和 SXP－2 代替 SMP 和 SMC；采用 RHTP－2 代替 FA－367 和 LV－PAC，同时选用软化点更高的沥青代替 FT－342，逐步实现抗高温聚磺氯化钾钻井液体系的转换。

（3）5600～5922m 超高温聚合物阶段。用超高温处理剂 RHTP－2、SO－1、LOCK-SEAL 等替换 SXP－2 聚合物，降低 SMC、KJ－1 用量，为下部调整打好基础。由于原井浆残存的磺化材料及劣质固相的影响，前期老化试验发现钻井液在更高温度发生流变性恶化现象，为此，分别在 5 623.7～5 644.02m 和此措施使 5 644.02～5 650.44m 两个取心回次进行了两次大的稀释调整，稀释比例为井浆：胶液为 2：1 高温流变性得到明显改善。

4. 四开转五开

五开开始后，因处理四开完井阶段井内落物，井内复杂工况持续时间较长，泥浆性能进行了多次大的调整，待事故处理完毕后，泥浆性能较四开结束时的井浆差别较大，转换方案的制订基本与原井浆关系不大，此处不再赘述。

将各开次配制（剩余）井浆量与当前开次的胶液量总称为浆量，将其与当前开次泥浆材料的费用进行统计，结果见表 5－8。

其中，一开、二开、三开及四开结束时剩余的泥浆量分别为 180m^3、462m^3、455m^3 以及 329m^3，如果每一开次开始前均排掉上开次泥浆，随后配制合乎性能要求的新泥浆，在不考虑处理旧浆产生费用的前提下，则将多支出 247.9 万余元的费用。换言之，通过连续转换方案，使得各开次泥浆性能充分发挥的同时实现泥浆体系的“软着陆”，对整体泥浆费用的有效控制起到了很好的效果。

表 5-8 各开次泥浆用量及费用统计

开次	浆量/m^3	费用/元	每方费用/（元·m^{-3}）
一开	212	91 687	432.4
二开	2950	1 813 534	614.7
三开	2370	4 017 763	1 695.2
四开	1735	2 511 809	1 447.7
五开	1120	3 153 476	2 815.6

5.3 “一剂多功”与“高温取利”

5.3.1 “一剂多功”

泥浆配方在功能满足的同时，要力求简明，避免冗余。这不仅在技术性能上可以直接取得稳定的收效，也可以在经济成本上获得可观的节约降耗。这一点更科学地体现在用一种处理剂发挥出多种功能，即“一剂多功”。

深入分析现今所应用的泥浆处理剂，有不少均具有“一剂多功”的性能。例如部分增黏剂同时兼有流型调节和高温稳定作用；部分加重剂同时兼有封堵和降滤失作用；部分稀释剂同时兼有降滤失作用；部分润滑剂同时兼有流型调节和减摩阻作用；部分抑制剂同时具有流型调节和稀释作用；部分降失水剂同时具有高温保护作用；等等。松科 2 井合理选用了一些多功能性的处理剂（表 5-9），不仅使钻井液达到了应有的各项性能指标，配制较为方便，而且减少了冗余加量，由此节约材料成本约合 230 万元。

表 5-9 “一剂多功”选材举例表 单位:%

处理剂名称	功用 1	功用 2	功用 3	节约加量（约）
HCOONa	流型调节	加重剂	抑制剂	3
HCOOK	加重剂	抑制剂	流型调节	3
HPAM	絮凝剂	流型调节	润滑剂	2
超细 $BaSO_4^*$	加重剂	封堵剂	—	5
超细碳酸钙	加重剂	封堵剂	降滤失剂	2
HV-CMC	提粘剂	降滤失剂	流型调节剂	1
LV-CMC	降滤失剂	分散剂	—	3
HV-PAC	提粘剂	降滤失剂	流型调节剂	1
LV-PAC	降滤失剂	分散剂	—	2
凹凸棒土	高温稳定	降滤失剂	—	5
RHTP-2	提粘剂	流型调节	高温稳定剂	3
SXP-3	减稠稀释	降滤失剂	高温稳定剂	2

（1）大分子提黏剂兼有流型调节作用。HV-CMC、HV-PAC等提黏剂可以兼用来作为流型调节剂。由于这些大分子溶剂或直接呈现线性或具有支链收缩能力而呈现分子主体线性，所以当泵量（流速梯度）增大时，线性顺向行为增加，从而降低流动阻力的增加幅度。这种流型调节作用也可认为是剪切稀释作用。

（2）部分高温稳定剂兼有提黏、降滤、减稠作用。高温稳定剂MG-H_2不仅能保护钻井液处理剂的高温性能，同时由于其大分子的主体线性结构兼而能够发挥提黏和流型调节作用。高温稳定剂SXP-3由于分子量较小，兼而可以发挥减稠稀释和降滤失作用。

（3）超细碳酸钙$CaCO_3$不仅具有2.7～2.9g/cm^3的较高密度，还具有泥饼骨架微粒的尺度和一定的凝胶性，所以可以兼用作加重剂或降滤失封堵剂，分别在高压地层、水敏地层和渗漏地层中得到有效应用。

（4）HCOOK加重剂兼强抑制作用。甲酸钾（HCOOK）在松科2井钻井液中首先起到加重而不增加黏稠性的作用。同时，由于富含钾离子，因而它能对水敏性地层产生该特殊离子的强抑制作用，从而维护泥质或含黏土成分地层的井眼稳定。

（5）重晶石（800～200目）在作为加重粉剂的同时，兼具有封堵和降滤失作用（尺寸大的作封堵剂，超细的作降滤失剂）。根据四开漏失层段岩心裂隙中的重晶石粉粒的桥塞情况，这一尺度范围的重晶石封堵25～250μm的岩石裂隙最为有效。

（6）乳化油兼有润滑、减阻、流型调节作用。乳化油（白油、柴油等+耐高温乳化剂）的直接作用是润滑钻柱钻具和冷却钻头，但同时又兼有降低循环摩阻的作用。特别是在大泵量循环流动时，耐高温乳化油微粒的线性变形（剪切稀释作用）起到很好的流型调节作用（图5-6），从而显著减小循环摩阻的递增幅度。

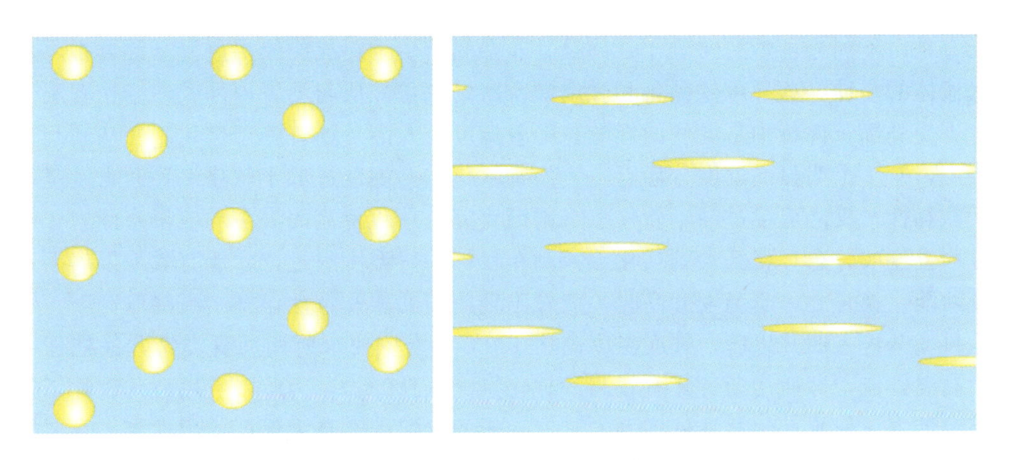

图5-6　乳化油微粒的流型调节机理

5.3.2　“高温取利”

高温虽然缩小了泥浆材料和处理剂的选择范围，增加了配制钻井液的难度，但是也存在着利用高温获得有利因素的契机。部分处理剂在高温下的性能变化反而可以补充另一部分功能的缺失，称之为“高温取利”。由此可以“因势利导”“变害为利”，也可以节约材料品种和用量，降低钻井液成本。以下为“高温取利”最典型的几个例子。

1. 增黏剂部分转变为降滤失剂

HV－CMC 等聚合物在常温情况下为增黏剂，但在高温情况下 HV－CMC 等大分子链断裂为中分子链，变成中分子结构，而更多地起到降滤失作用。此时，分子量的大致改变范围应控制在从 10^6 量级改变到 $10^4 \sim 10^5$ 量级。

2. 降滤失剂部分转变为稀释剂

LV－PAC 等聚合物在常温情况下为降滤失剂，在高温情况下，LV－PAC 等的分子链裂解为小分子链且形成水化，并插穿进黏土微粒端-端吸附的节点，进一步拆散网状结构，降低钻井液的结构黏度，起到稀释作用。此时，分子量的大致改变范围应该控制在从 $10^4 \sim 10^5$ 量级改变到 $10^3 \sim 10^4$ 量级。

3. 分散状态部分转变为弱絮凝状态

如膨润土颗粒在常温状态下充分水化分散于钻井液中，而当温度超过一定限度时，会发生一定程度的絮凝现象。这时反而对钻井液的悬渣能力和剪切稀释作用会有一定提升。关键是控制把握好絮凝程度即主要为泥浆的动塑比。

4. 乳化沥青高温软化

自 20 世纪 60 年代以来，沥青类处理剂在破碎性地层钻井中得到成功应用，其防塌机理源自沥青是具有可软黏性的微细颗粒状材料。在破碎地层的网状裂隙中，首先由沥青颗粒群构成桥塞骨架，继而依靠颗粒外层的软化变形来填封骨架之间的微隙，颗粒软化表面还能与岩石产生较强的黏合力。由此，在破碎的井壁上形成牢固、密闭的封堵环。它既能防渗堵漏、固结井壁散体，又能维系井液压强对地层的平衡力。

沥青是由不同分子量的碳氢化合物及其非金属衍生物组成的黑褐色复杂混合物，是高黏度有机液体的一种。这种可软黏化和微细颗粒状的双重性质与沥青内部胶体结构有着密切的关系，也受外部条件特别是温度的影响。随着温度的升高，沥青趋于软化。在从硬到软的变化过程中，有一个明显的温度分界点——沥青软化点。温度过低于软化点，沥青呈坚硬颗粒状而无软黏性；反之温度过高于软化点，则沥青完全软化稀流而失去颗粒桥塞能力。所以应根据井内温度的分布，将沥青的软化点控制在目标井段温度附近，才能有效地发挥沥青的防塌护壁功能。换言之，当温度升高时，沥青出现所需的软黏特性，即“高温取利”。

松科 2 井进入四开以后，井底温度高达 180℃以上。要求所用沥青类钻井液处理剂具有好的耐高温性能，即所用沥青具有较高的软化点（≥180℃）。为此，采用特殊改性工艺制得的抗高温沥青，属水基钻井液处理剂，具有一定的水溶性。且为保证使用性能，还要求它的磺酸钠基含量不低于 10％，油溶物含量不低于 25％。

5. 聚合醇产生高温浊点

自 20 世纪 90 年代以来，聚合醇已成为油田开发中具有吸引力的添加剂。聚合醇易溶于水，分子量可调，结构可调，毒性和生物降解性方面符合国际环境标准。聚合醇是低碳醇与环氧烷的低聚物，属非离子型表面活性剂，常温下为乳状浅黄色液体，溶于水，其水溶性受温度的影响很大，温度升高，溶解性降低。当温度升到一定程度时，聚合醇从水中析出，这时的温度称为聚合醇的浊点温度，当温度低于浊点时，聚合醇又恢复其水溶性。

随着井深的增加，井内温度逐步上升，聚合醇钻井液发生了如下变化：①低于浊点温度时，呈水溶性，表面活性使它吸附在钻具和固体颗粒表面形成憎水膜，阻止泥页岩水化分散，稳定井壁，改善润滑性，降低钻具扭矩和摩阻，防止钻头泥包，稳定钻井液性能并能有效控制压力传递；②当高于浊点温度时，聚合醇从钻井液中析出，黏附在钻具和井壁上，形成类似油相的分子膜，从而使钻井液的润滑性大大增强，同时由于泥饼的形成，封堵了岩石孔隙，能阻止滤液渗入地层，实现了稳定井壁的作用；③钻井液从井底返至地面时，因温度逐步降低（从高于浊点温度降到低于浊点温度），聚合醇又恢复其水溶性，避免被振动筛筛除。

聚合醇环氧化合物、疏水基团、聚合度等合成条件不同，所形成的聚合醇种类也不同，这就造成了聚合醇形式的多样性。每种聚合醇都有各自的溶解度和浊点。根据当前井段温度选择合适浊点的聚合醇作为钻井液的添加剂，正是松科 2 井钻井液“高温取利”的又一体现。

原先拟添加的降滤失剂、稀释剂和絮凝剂，可以由高温对原剂直接自动发生转变而形成，省却了它们的再添加，因此节约了冗余消耗。估算的全井总当量为：高温降滤失剂节约 8t，合计约 22 万元；高温稀释剂 16t，合计约 25 万元；高温絮凝剂 10t，合计约 50 万元；其他：约 30 万元，总量节约 127 余万元。

5.4　高温钻井液的防腐蚀与环保

5.4.1　高温防腐蚀剂的研究应用

据多个深钻工程调查可知，现场存在着钻具及循环设备腐蚀现象，随着钻井深度的增加和井温的提高，腐蚀现象可能会更加严重。为解决松科 2 井钻杆及循环水的腐蚀问题，研究有效的防腐措施有着重要的意义。

对某现场在用钻杆（ϕ139.7mm，S135）的外部形态进行观察发现，钻杆表面整体出现不同程度的腐蚀，尤以钻杆内壁为甚。且下部钻杆较上部钻杆腐蚀严重。管体表面有黄色浮锈，疏松多孔，附着能力差。显微观测，腐蚀坑深度在 0.2～2.0mm 之间，坑底局部有裂纹形成（图 5-7）。

通过泥浆滤液碱度测试试验，确定了泥浆中 CO_3^{2-} 与 HCO_3^- 总量为 2100mg/L。一般以 3000mg/L 为低限来判定二氧化碳的腐蚀是否存在，因此排除了二氧化碳导致钻具腐蚀的可能性。结合当前泥浆性能（黏切、失水、pH 等）未发生大的变化，也进一步确定 CO_2 导致钻具腐蚀的可能性较小。腐蚀物用亚硝酰铁氰化钠做点滴试验也未观察到紫红色，也排除了 H_2S 腐蚀的可能性。

结合腐蚀物颜色、腐蚀形貌及上述腐蚀因素的排除判断等，可基本确定当前腐蚀仍为氧腐蚀。分析认为钻杆的腐蚀主要发生在作业和存放两个过程中。在作业过程中，钻杆在充满泥浆的环境中服役，泥浆为水基泥浆，pH 为 8～9，呈弱碱性，溶解在钻井液中的氧气会对钻杆表面造成腐蚀，钻杆表面的溶解氧腐蚀是氧去极化过程，腐蚀机理为

阳极反应：$Fe \longrightarrow Fe^{2+} + 2e$

阴极反应：$O_2 + 2H_2O + 4e \longrightarrow 4OH^-$

亚铁离子被进一步氧化成三价的铁离子。

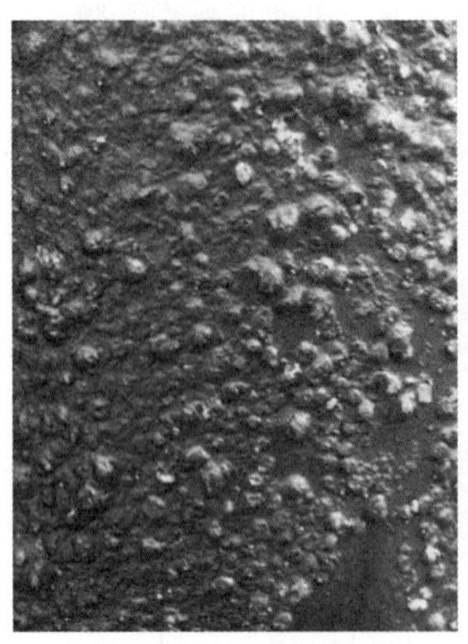
a. 刮开钻井液残留物之前

b. 刮开钻井液残留物之后

图 5-7　钻杆表面形态近观图

泥浆中含大量 Cl^-，会加速氧腐蚀的进行。钻井液对钻杆的腐蚀与温度、溶解氧浓度、压力及钻杆承受的载荷等多方面因素有关。随着氧气浓度增大、压力升高、温度升高，氧腐蚀逐渐加剧，钻杆承受的载荷促进氧腐蚀的进行。随着井深的增加，下部钻具的服役时间更长，腐蚀程度也就相应增加。钻杆管体部位承受着严重的交变应力载荷作用，促进了钻杆腐蚀的发生和裂纹的形成。在钻杆起出后，由于氧气充分，不同覆盖度的区域之间就形成了具有很强自催化作用的腐蚀电偶，从而加速了钻杆内壁等表面的局部腐蚀。

1. 实验方法及结论

试验介质为钾盐聚磺体系钻井液，确定的配方为：1.8%NV-1+2%棒土+0.1%NaOH+3%细钙（800 目和 1500 目各 1.5%）+1%OS-1+1%TD-1+1%LOCKSEAL-H+3%JA+4%SMC+4%Soletex+3%KCl+2%HCOONa+3%白油+0.5%SP-80+80g 石粉+0.5%亚硫酸钠。

实验挂片选用某工程现场在用且腐蚀较严重的 S135 钻杆切割而成，钻杆成分见表 5-10，实验用挂片规格为 50×10×3mm。评价实验时将试片依次用 200 目、400 目、800 目砂纸进行打磨，用丙酮以及无水乙醇浸泡并擦洗后置于干燥器干燥 24h。

表 5-10　现场用 S135 钻杆钢的化学成分（质量分数）

元素	C	Si	Mn	P	S	Cr	Mo	Ni
成分含量/%	0.27	0.22	0.88	0.008 2	0.001 2	0.96	0.42	0.057

2. 清水与泥浆的腐蚀性对比

对比清水与泥浆的腐蚀性能，实验条件选择室温下分别静置于清水和井浆中 84h。图 5-8中，最左一片为空白组，中间三片为清水浸泡，最右三片为井浆浸泡。

与清水相比，泥浆腐蚀性较弱。清水对金属的腐蚀性是众所周知的，清水尚且如此，低于清水条件下的泥浆腐蚀性则更微弱，图 5-8 可明显说明泥浆腐蚀情况相比清水有所减缓。

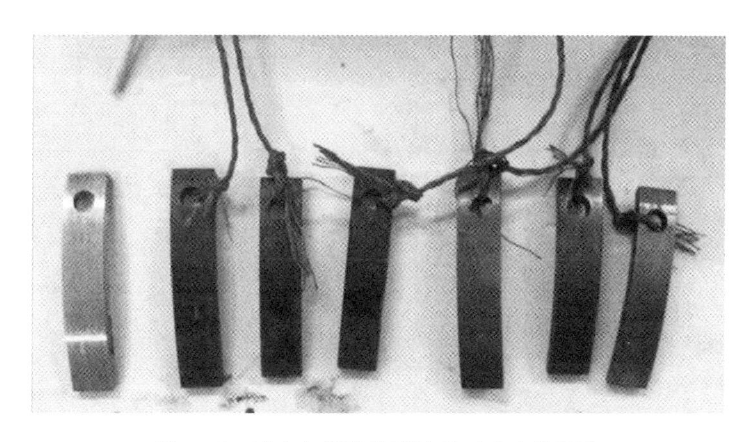

图 5－8　清水与泥浆的腐蚀性对比实物照片

3. 高温防腐蚀的泥浆配方措施

缓蚀剂的挑选原则：在满足钻井液性能不受有显示度影响的前提下，发挥其有力的缓蚀效果。选择具有代表性的 4 种缓蚀剂进行缓蚀实验对比。其中缓蚀剂 1、2、3、4 分别是咪唑啉类、胺类和有机类缓蚀剂。表 5－11 分别对缓蚀剂 1、2、3、4 进行流变性测定。为体现缓蚀剂对流变性的影响，加量调整至最大 0.5%。

表 5－11　缓蚀剂与基浆配伍性验证

配方	$\phi600/\phi300$	$\phi200/\phi100$	$\phi6/\phi3$	PV/（mPa·s）	YP/Pa
基浆	32/18	12/7	1/0	14	2
基浆＋缓蚀剂 1（0.5%）	30/16	12/6	1/1	14	1
基浆＋缓蚀剂 2（0.5%）	29/16	11/6	1/0	13	1.5
基浆＋缓蚀剂 3（0.5%）	28/16	11/6	1/0	12	2
基浆＋缓蚀剂 4（0.5%）	27/15	11/6	1/0	12	1.5

基浆配方为：1.8%NV－1＋＋2%棒土＋0.1%NaOH＋3%细钙（800 目和 1500 目各 1.5%）＋1%OS－1＋1%TD－1＋1%LOCKSEAL＋3%JA＋4%SMC＋4%Soletex＋3%KCl＋2%HCOONa＋3%白油＋0.5%SP－80＋80g 石粉＋0.5%亚硫酸钠。

从表 5－11 可以得出：4 种缓蚀剂和基浆的配伍性均表现为良好，并没有明显的增黏、降黏效果，对其性能应能影响不大，单从配伍性考虑，可继续进行筛选。

选用静态挂片法进行表面腐蚀试验，实验条件为 90℃，并给 1000r/min 转速的扰动，实验周期为 24h。结束后取出钢片，观察表面腐蚀形态，除腐后称重，计算钢片的腐蚀速率与缓蚀速率。实验结果表明：加入缓蚀剂 1、2 的钢片表面均有一定的锈黄色物质，但整体表现为光滑发亮；加入缓蚀剂 3 的钢片表面生成一层暗黑色腐蚀物质且能用手抠下，物质表现为疏松有虚孔；加入缓蚀剂 4 的钢片表面光泽，几乎无锈迹，显示其缓蚀效果较好，且与失重法计算得出的结论大体一致。加有缓蚀剂 3 的挂片呈暗黑可能是无氧环境下形成的现象。同时，进行加大缓蚀剂的量、进行腐蚀性再评价、确定较优加量，实验结果见表 5－12。

表 5-12　不同缓蚀剂的不同加量的缓蚀效果

品名	加量/%	腐蚀速率/（mm·a^{-1}）	缓蚀率/%
缓蚀剂 1	0.1	0.35	18.6
	0.2	0.28	34.9
	0.5	0.19	55.8
缓蚀剂 2	0.1	0.32	25.6
	0.2	0.21	51.2
	0.5	0.12	72.1
缓蚀剂 3	0.1	0.42	2.3
	0.2	0.38	11.6
	0.5	0.25	41.8
缓蚀剂 4	0.1	0.25	41.9
	0.2	0.10	76.7
	0.5	0.05	88.4

以上数据显示，考虑加入适量的缓蚀剂 4 来减缓钻具的腐蚀情况。为更进一步贴近实际，还对缓蚀剂的效果进行了高温高压旋转的动态实验评价模拟测试，结果与静态实验规律相符，只是腐蚀程度略有增加，缓蚀速率在 0.4mm/a 以内。

5.4.2　配方的高温环保性能测析

钻井液的环境保护问题是当今和未来钻探工程的一项重要课题。本套钻井液配方从源头做起，全部选择非毒性、低污染、对环境友好的材料。摈弃早年其他钻井泥浆中存在的有害重金属物质（如重铬酸钾等）、毒性物质（如氰凝等）和强腐蚀物质（如强酸盐等）。全面地对本套钻井液体系配方的各项材料进行环保性能测试分析，以保证其符合相关标准。

配方构成：磺化褐煤树脂 2.5%＋硫酸钡 10%＋碳酸钙 3%＋甲酸钾 3%＋改性沥青1%＋抗高温降滤失剂 1.5%＋抗高温增黏剂 0.15%＋膨润土 3.5%＋凹凸棒土 3.5%＋碳酸钠 0.3%＋白油 0.2%＋氢氧化钠 1%＋OP-10 0.02%＋有机类缓蚀剂 0.5%＋清洁淡水 71%。

发光细菌法是常用的评价生物毒性的方法之一，准确程度较高。因此，采用发光细菌法对处理剂进行生物毒性评价。它以 EC_{50}（mg/L）作为衡定标准：＜1 剧毒，1～10^2 高毒，10^2～10^3 中等毒性，10^3～10^4 微毒，＞10^4 无毒，＞3×10^4 排放限制标准。对松科 2 井钻井液各种处理剂的测试结果均为 EC_{50}（mg/L）＞3×10^4，因而是无毒的（表 5-13），在生物毒性这方面达到使用和排放标准。

由于 BOD_5/COD_{Cr} 比值法评价生物降解性的认可度较高，而且操作也不复杂，因此采用 BOD_5/COD_{Cr} 比值法来评价钻井液处理剂生物降解性。以指标 $Y=(BOD_5/COD_{Cr})/\%$ 为生物降解性的标准：$Y\geqslant25$ 容易，$15\leqslant Y<25$ 较易，$5\leqslant Y<15$ 较难，$Y<5$ 难，测得松科 2 井钻井液各种处理剂生物降解性的评价结果，见表 5-14。可见，除其中的 SMP-1 为较难降解外，其余均为容易降解、较易降解和可降解。

表5-13　处理剂生物毒性评价结果

序号	处理剂代号	使用浓度/%	EC_{50}/（mg·L^{-1}）	生物毒性
1	SPNH-F	1.5	>30 000	无毒
2	LSC-1	1.5	100 000	无毒
3	PAC-LV	1.5	100 000	无毒
4	SMP-A	1.5	>30 000	无毒
5	CMC-HV	0.2	100 000	无毒
6	PAC-HV	0.2	>100 000	无毒
7	PHPA	0.2	100 000	无毒
8	CX-127	0.2	>100 000	无毒
9	80A51	0.2	>30 000	无毒
10	IND30	0.2	>30 000	无毒
11	HEC	0.2	>30 000	无毒
12	MSC-3H	1	>30 000	无毒
13	$CaCO_3$	1	—	—
14	PA-2	1	100 000	无毒
15	NH_4Cl	1	100 000	无毒
16	OCL-BST-2	1	>100 000	无毒
17	SDR-1	1	>30 000	无毒
18	Na_2CO_3	0.2	实际无毒	无毒
19	空心微珠	10	实际无毒	无毒

表5-14　处理剂生物降解性评价结果

序号	处理剂	BOD_5/（mg·L^{-1}）	COD_{Cr}/（mg·L^{-1}）	Y/%	生物降解性
1	SPAC-LV	67	500	13.42	可降解
2	LSC-1	267	789	33.84	容易降解
3	SPNH-F	89	578	15.39	较易降解
4	SMP-1	47.5	542	8.77	较难降解
5	CMC-HV	216.6	92.3	23.47	较易降解
6	PAC-HV	189	886	21.33	较易降解
7	80A51	133	676	19.67	较易降解
8	IND30	367	910	40.33	较易降解
9	PHPA	173	768.5	22.51	较易降解
10	HEC	548	15.30	35.83	容易降解
11	MSC-3H	159	995	16	较易降解
12	OCL-BST-2	357	17.56	37.41	容易降解
13	$CaCO_3$	—	—	—	可降解
14	PA-2	73	610	11.96	容易降解
15	NH_4Cl	46	316	14.52	容易降解
16	SDR-1	253	864	29.28	容易降解
17	RH8501	18.3	248	7.37	较易降解

同时，参照所选的化学毒性、生物毒性、生物降解性评价标准，对松科 2 井钻井液的几种分项体系进行环保性能评价。结果见表 5－15 和表 5－16。

表 5－15　钻井液化学毒性实验结果

钻井液体系	Pb/ (mg·kg^{-1})	Cd/ (mg·kg^{-1})	Cr/ (mg·kg^{-1})	As/ (mg·kg^{-1})	Hg/ (mg·kg^{-1})
清水聚合物钻井液	43.2	2.56	1.9	7.8	1.2
甲酸盐钻井液	7.6	0.21	4.4	2.4	0.04
三磺钻井液	95.4	4.02	161	13.6	1.38
聚合醇钻井液	40.8	1.3	5.6	0.24	0.72
改性天然高分子钻井液	3.2	0.06	7.3	1.36	0.26
甲基葡糖糖苷钻井液	3.6	0.45	10.5	0.18	0.3
白油基钻井液	256.8	3.85	393.2	14.4	3.54
LAO 钻井液	217.4	3.44	277.1	12.5	1.69
标准	350	5	250	25	1

表 5－16　钻井液生物毒性及降解性实验结果

钻井液体系	EC_{50}/ (mg·L^{-1})	毒性分级	BOD_5/ (mg·L^{-1})	COD_{Cr}/ (mg·L^{-1})	Y/%	降解性分级
甲酸盐钻井液	＞100 000	无毒	8169	1639	20	易降解
三磺钻井液	6753	微毒	13 856	1663	12	较难降解
聚合醇钻井液	30 895	无毒	4011	1178	29	易降解
改性天然高分子钻井液	＞100 000	无毒	5037	1763	35	易降解
甲基葡糖糖苷钻井液	87 659	无毒	3871	1161	30	易降解
白油基钻井液	3044	微毒	1734	158	9	较难降解
LAO 钻井液	5137	无毒	7486	1198	16	较易降解

从表中可以看到，本钻井液体系所有材料都没有明显毒性。尽管存在部分磺化类材料，但含量甚少，完全不会产生导致环保超标。

1. 高温反应后的土壤浸泡测验

针对钻井液体系在高温应用时的周边环境，考虑常温、长期高温后，部分材料因化学成分变化引起的次生毒性和腐蚀性的可能性。项目组选取井场区域土壤进行测试，于 2017 年 8 月对高温 200℃以上经历至少 2400h 的上返钻井液的土壤做浸泡试验。取样位置为黑龙江省绥化市安达市羊草镇吉庆村六撮房屯村东边田地松科 2 井现场。送交国际互认 Testing CNAS L2383 进行检测，结果如表 5－17 所示。

表 5-17　水溶性离子检测结果表

测试编号	取样编号	K^+/(mg·L^{-1})	Na^+/(mg·L^{-1})	Ca^{2+}/(mg·L^{-1})	Mg^{2+}/(mg·L^{-1})	Cl^-/(mg·L^{-1})	SO_4^{2-}/(mg·L^{-1})
SK-2井 S1	先期土壤	2.48	1.72	12.6	2.11	<10.0	11.3
SK-2井 S2	后期土壤	1.30	20.8	5.97	1.53	<10.0	13.5
SK-2井 S3	泥浆	2.04	23.3	13.0	2.65	<10.0	13.1
评价说明		降低 47.6%	增加 11 倍	降低 52.6%	降低 27.5%	没有变化	增加 19.5%

水溶性离子检测结果表明，Na^+ 含量增加了 11 倍，SO_4^{2-} 含量增加了 19.5%；其他离子含量有所降低，Ca^{2+}、K^+ 和 Mg^{2+} 含量分别降低了 52.6%、47.6%和 27.5%，Cl^- 含量变化很小。

对松科 2 井钻井液波及土壤的重金属含量测试情况见表 5-18。

表 5-18　土壤重金属含量情况

样品编号	单位	SK-2井 S1	SK-2井 S2	SK-2井 S3	参考标准*	评价说明
		先期土壤	后期土壤	泥浆		
pH	—	7.21	7.50	7.20	6.5～7.5	略有升高
锑	mg/kg	<0.5	<0.5	<0.5		没有变化
砷	mg/kg	11.1	12.7	13.0	25	增加 14.4%，但未超标
镉	mg/kg	<0.30	<0.30	<0.30	0.30	没有变化，未超标
铬	mg/kg	34.4	40.5	41.0	200	增加 17.7%，但未超标
钴	mg/kg	10.3	10.5	10.8		没有变化
铜	mg/kg	18.3	21.5	21.4	100	增加 17.5%，但未超标
铅	mg/kg	15.7	18.4	20.0	50	增加 17.2%，但未超标
镍	mg/kg	22.0	22.8	23.1	50	增加 3.64%，但未超标
硒	mg/kg	<0.5	<0.5	<0.5		没有变化
锌	mg/kg	50.0	59.9	57.1	250	增加 19.8%，但未超标
汞	mg/kg	<0.05	0.08	0.07	0.3	有增加，但未超标

* 号说明：参照《食用农产品产地环境质量评价标准》(HJ/T 332—2006)。

有标准可参考的重金属 8 类（砷、镉、铬、铜、铅、镍、锌、汞），锌、铬、铜、铅、砷均有不同程度的增加，增加比率依次为 19.8%、17.7%、17.5%、17.2%、14.4%；汞也有增加，但均没有超过《食用农产品产地环境质量评价标准》(HJ/T 332—2006) 中的限值。锑、钴、硒元素，未发现有变化。此外，参照《食用农产品产地环境质量评价标准》(HJ/T 332—2006)，分析了存在的 139 个有机指标，有机指标除总石油增加了 20.9%外，其他有机指标均没有检出变化，六六六、滴滴涕均没有超标，不影响农业生产。

5.5　松科 2 井钻井液的技术经济性

松科 2 井从地面开钻到五开末的全井段，根据随井深的地质条件和钻井工艺变化情况，采用类型上有所区别的水基钻井液体系，逐步向耐超高温调整过渡，最终研制的抗超高温水基钻井液体系的主体配方为：3%～5%复合型造浆黏土+0.1%～0.2%耐超高温聚合物增粘剂+0.6%～0.8%耐超高温聚合物降失水剂+3%～5%耐高温降失水剂+2%～4%耐高温防塌剂+3%～5%高温保护剂+2%～4%高温抑制剂+2%～4%抗高温减阻润滑剂+0.4%～0.6%缓蚀剂+加重剂（按需）。

5.5.1　抗高温钻井液的技术指标

该体系的主要特点是具有很强的高温稳定性。在温度高达 250℃时，其表观黏度最大偏离，仅为常温（30℃）时的 42%，且具有升温—降温的显著可恢复性（图 5－9，采用 Fann50SL 高温高压流变仪测试）；230℃高温老化 48 小时的滤失量仅为 22.7mL。

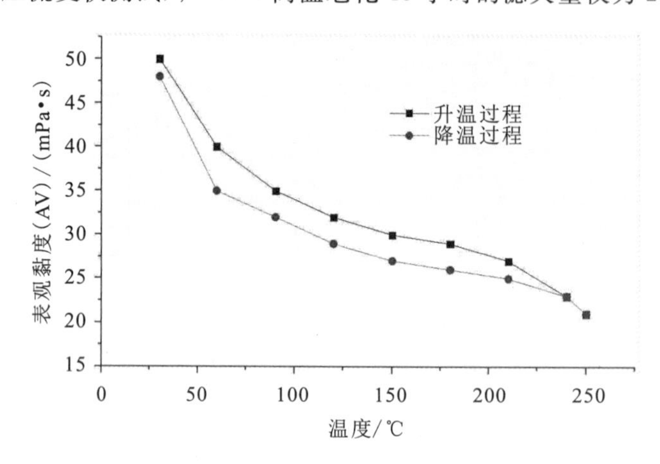

图 5－9　抗高温钻井液的黏度随温度变化数据图

从微观结构上，由扫描电镜将 3 个经 200℃高温老化 6h 后的相关泥浆样品（图 5－10 中的 a、c、d）与常温下的普通标准泥浆（图 5－10 中的 b）进行对比，可以清晰地发现：本配方泥浆样品 1 的微观形态最接近常温标准样品 2，绒粒仍保持，分布较均匀，反映水化分散依然较明显；而无抗高温处理的样品 4 已完全蜕变为密结的光滑薄垢片，反映为脱水聚结后的水土离析。

这套抗高温水基钻井液的其他主要性能指标如下：

（1）密度。正常范围 1.05～1.48g/cm^3 可调；低密度范围 0.75～1.05g/cm^3 可调；高密度范围 1.48～1.70g/cm^3 可调。

（2）抑制性。地层样品的水敏指数 I_a=0.66 时，高温高压膨胀量为小于 0.5%，250℃滚动回收率为大于 92%，显示强抑制能力。

（3）减阻性。循环摩阻仅为普通钻井液的 33%。

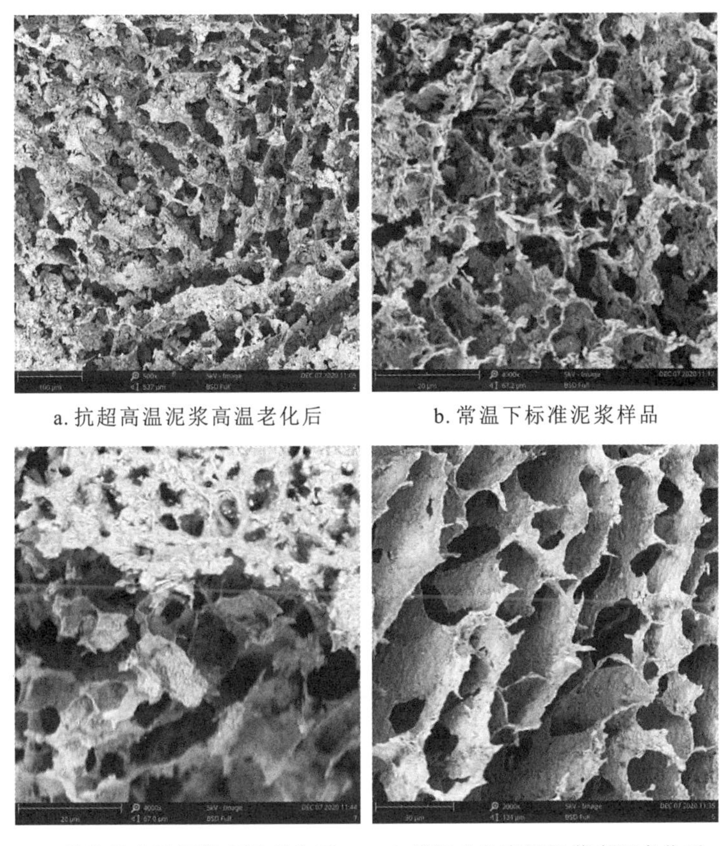

a. 抗超高温泥浆高温老化后　b. 常温下标准泥浆样品

c. 传统抗高温泥浆高温老化后　d. 普通非抗高温泥浆高温老化后

图5-10　泥浆样品高温老化后的微观形态对比

(4) 润滑性。润滑系数可降至0.12以下（普通钻井基浆的约为0.35）。摩擦系数低于普通钻井液的0.32倍。

(5) 黏附性。黏附系数>0.12，钻头泥包率比常规钻井液降低50%，泥饼黏滞性比常规钻井液降低40%。

(6) 堵漏能力。添加特制复合堵漏材料（加量≤1.2%），可对6mm隙宽以内的漏失地层进行可靠封堵，承受压差10MPa。

(7) 抗侵污能力。在最高遭受15%NaCl、2%$CaSO_4$、10%钻屑污染时，钻井液性能保持基本稳定。

(8) 缓蚀性。用代表性钢材对该钻井液在高温下进行腐蚀性测试，缓蚀速率在0.4mm/年以内，对钻杆和循环设备的腐蚀作用甚微。

(9) 环保性。经各种环保标准检测，该钻井液体系完全不会产生导致环保超标的毒性、腐蚀性和污染性，弃浆指标未超过我国的土壤环境质量限值。

5.5.2　抗高温钻井液的经济性

四开与五开的泥浆属于专配的高温泥浆，在高温泥浆成本分析上，选取这两开次的数据作为计算依据。四开与五开段使用的抗高温处理剂的费用明细见表5-19、表5-20。

表 5-19　四开抗高温处理剂耗费明细

处理剂	用量/t	单价/元	费用/元
SMC	9.7	8300	80 510
FT-342	14.95	6000	89 700
FT-1	4.4	8775	38 610
FT	10.9	11 600	126 440
LOCKSEAL-H	3.2	18 500	59 200
SMP-2	7.9	11 800	93 220
SMP-2	18	11 400	205 200
SPNH	15.7	7900	124 030
SR-HS06	2.6	16 200	42 120
RHTP-2	7.925	48 800	193 340
HE-150	0.884 52	123 200	108 973
Driscal D	0.813 18	138 510	112 634
Soltex	0.907 2	25 800	23 406
SXP-3	5	16 000	80 000
KJ-1	8	7900	63 200
SO-1	3.5	26 500	92 750
抗高温材料总费用			1 533 332

表 5-20　五开抗高温处理剂耗费明细

处理剂	用量/t	单价/元	费用/元
SMT	0.5	13 600	6800
FT-1	1.6	8775	14 040
FT	1.1	11 600	12 760
LockSEAT-H	0.3	18 500	5550
SMP-2	5	11 400	57 000
SPNH	19	7300	138 700
RHTP-2	10.055	24 800	249 364
HE-150	0.748 44	123 200	92 207.808
Driscal D	0.884 52	138 510	122 514.865 2
Soltex	11.072 94	25 800	285 681.852
FFT-1	11	12 000	132 000
Drill-thin	3.504 06	37 600	131 752.656
SO-1	5.45	26 500	144 425
DSP-1	5.4	23 000	124 200
MG-H	4.2	21 500	90 300
抗高温材料总费用			1 607 296.181

具体从单剂的价格分析，如国外进口的耐高温（≥200℃）聚合物增黏型降失水剂的价格为 13.8 万元/t，而松科 2 井井研配的具有同等技术性能的耐高温复合型增黏剂的价格为 2.48 万元/t，仅为国外价格的 18%。

松科 2 井全井泥浆费用仅为 1 179.77 万余元。与相似钻井工程的高温泥浆进行成本对比分析，松科 2 井四开五开的井深段为 4280～7018m，泥浆成本的总消耗为 620.71 万元，每米泥浆费用单价为 2267 元；这两个开次总共用掉泥浆 1960m³，折算每方单价为 3167 元。对比国内外一部分深部高温井的泥浆耗材成本数据，经平均计算，它们的每立方米单价为 4100～4900 元，每米泥浆费用单价为 3500 元。可见，松科 2 井的高温泥浆成本明显低于国内外同类泥浆的成本，仅为它们的 65%左右。

以 2012 年完钻的国内某油气深井 Well-A（6716m）为例（最高密度 1.47g/cm³），钻井周期为 414 天，计划钻井液材料费用 845 万元左右，实际费用高达 1857 万元。该井在四开与五开（5720～6716m）的钻进过程中，泥浆费用 487 余万元，平均每米进尺泥浆费用约为 4918 元，为松科 2 井的 2.15 倍左右；而该井井底温度仅为 180℃左右，与松科 2 井井底温度相差悬殊。而松科 2 井三开结束时（4542m）的井底温度约为 160℃，在长达 1700m 左右的裸眼段施工过程中，泥浆费用为 342 万元左右，每米成本仅为 1 739.2 元，仅为该工程实例（Well - A）的 35.4%左右。

此外，松科 2 井实施前，国内某油服公司即与项目指挥部就高温泥浆技术及费用曾谈到“纯国内处理剂无法满足如此高的抗温需求”“低于 2000 万元难以实现”等论断；而国外处理剂动辄每吨几万元至十几万元的报价给科钻工程的实施带来了极大的经济压力。但是，上述情况在某种程度上也坚定了全体项目参与人员众志成城、自力更生攻克低成本耐超高温泥浆技术的决心。通过在全国范围内联系泥浆材料厂家，大批量、多批次不断筛选抗高温泥浆材料，我们得到了抗高温性能不逊色甚至优于部分国外材料的处理剂，在此基础上通过多组试验完成了综合性能良好的、适于取心钻进的耐高温泥浆配方。

主要参考文献

蔡记华，谷穗，乌效鸣，2008.松科1井（主井）取心钻进钻井液技术[J].煤田地质与勘探，36(6)：77－80.

常青，曹骗骗，刘音，等，2014.滑溜水用速溶型减阻剂研究与应用[J].石油天然气学报，36(1)：182－185.

陈安猛，2008.耐高温聚合物钻井液降滤失剂的合成及作用机理研究[D].济南：山东大学.

陈家琅，刘永建，岳湘安，1997.钻井液流动原理[M].北京：石油工业出版社.

陈鹏飞，唐永帆，刘友权，等，2014.页岩气藏滑溜水压裂用降阻剂性能影响因素研究[J].石油与天然气化工，3(4)：405－408.

陈师逊，宋世杰，2014.中国东部海区科学钻探施工技术探讨[J].探矿工程（岩土钻掘工程），41(12)：1－5.

冯晨，2017.抗高温油包水钻井液体系及其流变性研究[D].大庆：东北石油大学.

黄春，2003.黏土矿物抑制性和黏土胶体的热稳定性研究[D].济南：山东大学.

霍国胜，夏德宏，1999.管内流体产生滑移时的减阻率计算[J]，油气储运，18(10) 25－27.

贾军，樊腊生，胡时友，等，2009.汶川地震断裂带科学钻探一号孔（WFSD－1）小间隙固井工艺的研究与实践[J].探矿工程（岩土钻掘工程），36(12)：16－19.

贾军，李旭东，樊腊生，等，2012.汶川地震断裂带科学钻探项目WFSD－2孔钻探施工技术[J].探矿工程（岩土钻掘工程），39(9)：6－11.

蒋官澄，许伟星，李颖颖，等，2013.国外减阻水压裂液技术及其研究进展[J].特种油气藏(1)：1－6，151.

孔珑，2014.工程流体力学[M].北京：中国电力出版社.

李斌，2008.抗高温钻井液技术研究与应用[D].济南：山东大学.

李锦轶，1998.德国大陆深钻项目（KTB）——成就、经验和教训[J].国外地质勘探技术(3)：34－45.

李之军，陈礼仪，贾军，等，2009.汶川地震断裂带科学钻探一号孔（WFSD－1）断层泥孔段泥浆体系的研究与应用[J].探矿工程（岩土钻掘工程），36(12)：19－21，25.

李舟波，王祝文，1998.德国大陆科学钻探计划的测井技术[J].国外地质勘探技术(2)：26－33.

刘广志，1988.大陆超深地质钻探势在必行[J].中国地质(4)：18－20.

刘广志，1998.中国钻探科学技术史[M].北京：地质出版社.

刘晓栋，朱红卫，高永会，2014.海洋超高温高压井钻井液设计与测试方法及国外钻井液新技术[J].石油钻采工艺，36(5)：47－52.

刘远亮，乌效鸣，朱永宜，等，2009.松科1井长裸眼防塌钻井液技术[J].石油钻采工艺，31(4)：60－63.

梅宏，杨鸿剑，严向奎，2009.准噶尔南缘两口井钻井液高温流变性能测试与分析研究[J].新疆石油天然气，5(4)：71－74，100，112.

秦沛，2011.对深空大口径取芯钻探工艺的一些认识——以WFSD－2号孔0～897.66m段施工为例[J].探矿工程（岩土钻掘工程），38(11)：7－13.

任福建，段晓青，程湖渊，2015.汶川地震断裂带科学钻探项目WFSD－4井钻井液技术应用[J].内蒙古煤炭经济(1)：153－156.

施里宇，李天太，张喜凤，等，2008.温度和膨润土含量对水基钻井液流变性的影响[J].石油钻探技术，36(1)：20－22.

史雪冬，2015.耐高温聚合物粘弹特性及稳定性研究[D].大庆：东北石油大学.

苏德辰，杨经绥，2010.国际大陆科学钻探（ICDP）进展[J].地质学报，84(6)：137－150.

孙金声，黄贤斌，吕开河，等，2019.提高水基钻井液高温稳定性的方法、技术现状与研究进展[J].中国石油大学学报(自然科学版),43(5):73-81.
孙金声,杨泽星,2006.超高温(240℃)水基钻井液体系研究[J].钻井液与完井液(1):29-32,100.
孙平贺,乌效鸣,朱永宜,等,2008.松科1井主井眼钻井液悬渣的力学机理研究[J].钻井液与完井液,25(3):4-6.
汪海阁,王灵碧,纪国栋,等,2013.国内外钻完井技术新进展[J],石油钻采工艺,35(5):1-12.
王达,张伟,2005."科钻一井"钻探施工技术概览[J].中国地质,32(2):184-194.
王达,张伟,张晓西,等,2007.中国大陆科学钻探工程科钻一井钻探工程技术[M].北京:科学出版社.
王兰,马光长,吴琦,2009.水基钻井液高温流变特性研究[J].钻采工艺,32(6):20-21,26.
王岩,孙金声,黄贤斌,等,2018.抗高温耐盐钙五元共聚物降滤失剂的合成与性能[J].钻井液与完井液,35(2):23-28.
乌效鸣,蔡记华,胡郁乐,2013.钻井液与岩土工程浆材[M].武汉:中国地质大学出版社.
吴晓花,卢虎,贾应林,等,2003.塔参1井钻井液高温流变性研究与应用[J].钻采工艺(3):95-96,103.
吴月,李艾,黄进,等,2018.凹凸棒的研究进展[J].化学工程与装备(11):281-282.
徐同台,赵忠举,冯京海,2007.2005年国外钻井液新技术[J].钻井液与完井液(1):61-70,102.
许志琴,杨经绥,张泽明,等,2005.中国大陆科学钻探终孔及研究进展[J].中国地质,32(2):177-183.
鄢捷年,2012.钻井液工艺学[M].2版.北京:中国石油大学出版社.
鄢泰宁,张涛,刘天乐,2013.俄罗斯CT-3超深井钻探工程的启示[J].探矿工程(岩土钻掘工程),40(9):1-5.
杨文采,2002.大陆科学钻探与中国科学深钻工程[J].石油地球物理勘探,37(2):196-199.
张广峰,王劲松,李云贵,等,2009.用表面活性剂提高聚磺钻井液的抗高温和抗污染能力[J].钻井液与完井液,26(3):38-40,92-93.
张金昌,2016.科学超深井钻探技术方案预研究专题成果报告[M].北京:地质出版社.
张金昌,刘秀美,2014.13000m科学超深井钻探技术[J].探矿工程(岩土钻掘工程),41(9):1-6.
张金昌,谢文卫,2010.科学超深井钻探技术国内外现状[J].地质学报,84(6):887-894.
张军涛,吴金桥,高志亮,等,2014.陆相页岩气藏滑溜水压裂液的研究与应用[J].非常规油气,1(1):55-59.
张良弼,刘广志,许志琴,等,1992.日本大陆科学深钻综述[J].国外地质勘探技术(3):1-13.
张晓西,2001.论中国大陆科学钻探工程项目实施对我国钻探技术的推动作用[J].探矿工程(岩土钻掘工程)(S1):233-236.
张晓西,杨经绥,张惠,等,2013.科学钻探——深化岩石学研究的金钥匙[J].中国地质,40(3):681-693.
周福建,刘雨晴,杨贤友,1999.水包油钻井液高温高压流变性研究[J].石油学报,20(3):77-81.
朱恒银,朱永宜,张文生,等,2011.汶川地震断裂带科学钻探项目WFSD-3孔施工技术与体会[J].探矿工程(岩土钻掘工程),39(9):12-17.